非线性能量采集系统的相干共振与动力学特性研究

李海涛　著

西北工业大学出版社

西　安

【内容简介】 本书是一本关于如何借助于非线性动力学手段实现宽频能量采集的专著,系统地阐述了压电能量采集的动力学建模方法,介绍了包含确定因素和随机因素的定性和定量分析基本理论以及结果。本书共分为 8 章,主要包括压电能量采集介绍、基于 Melnikov 方法的非线性能量采集参数研究、单自由度集中参数能量采集模型的相干共振、受压压电梁模型的相干共振与随机共振、基于磁耦合效应的改进双稳态能量采集系统、三稳态能量采集系统的相干共振与动力学行为、高效受压式压电能量采集系统和屈曲受压式能量采集系统等。

本书适合高等学校机械工程、工程力学、电子科学技术等专业的科研工作者、高年级本科生、研究生以及相关工程技术人员使用。

图书在版编目(CIP)数据

非线性能量采集系统的相干共振与动力学特性研究/
李海涛著 . —西安:西北工业大学出版社,2019.11
ISBN 978 - 7 - 5612 - 6656 - 4

Ⅰ.①非… Ⅱ.①李… Ⅲ.①非线性振动-压电效应
-能量转换-研究 Ⅳ.①TK123

中国版本图书馆 CIP 数据核字(2019)第 242395 号

FEIXIANXING NENGLIANG CAIJI XITONG DE XIANGGAN GONGZHEN YU DONGLIXUE TEXING YANJIU

非 线 性 能 量 采 集 系 统 的 相 干 共 振 与 动 力 学 特 性 研 究

责任编辑:胡莉巾		策划编辑:何格夫	
责任校对:何格夫		装帧设计:李 飞	

出版发行:西北工业大学出版社

通信地址:西安市友谊西路 127 号 邮编:710072

电 话:(029)88491757,88493844

网 址:www.nwpup.com

印 刷 者:陕西向阳印务有限公司

开 本:787 mm×1 092 mm 1/16

印 张:10

字 数:262 千字

版 次:2019 年 11 月第 1 版 2019 年 11 月第 1 次印刷

定 价:50.00 元

如有印装问题请与出版社联系调换

前　　言

随着微机电技术和精密加工技术的不断发展，以微型传感器为代表的现代微电子产品的应用日趋广泛。当前，微电子产品的能量供给大多依赖于化学电池，化学电池在使用过程中存在寿命有限、需要定期更换以及容易造成污染的弊端。能量采集作为一项可实现环境废弃能量回收利用的技术应运而生，所采集的能量为无线低功率的电子元件提供电能。能量采集技术一方面可以有效减少电池更换所带来的废弃物，另一方面可以降低无线传感器的维护和保养成本，因而具有显著的生态环境保护意义以及经济效益。近年来，在压电振动能量采集领域，研究最多的是利用压电效应将环境中的能量转化为电能。本书的研究重点也是基于压电能量采集装置的力-电耦合响应。

压电振动能量采集装置研究的初始阶段主要是根据线性振动理论来进行设计的，只有当激励频率在固有频率附近时，才会有比较好的能量采集效果。实际上，环境振动通常是非周期的低频、宽谱激励，而双稳态能量采集系统可以在低频范围内产生大幅的运动，因而被认为是一种实用化的高效能量采集系统。本书的重点为非线性能量采集系统的解析、数值和实验研究，设计多种振动能量采集系统，研究系统在随机激励下的相干共振和动力学行为；基于广义 Hamilton 原理，建立各个能量采集系统的机电耦合控制方程，应用 Melnikov 方法分别分析基础激励和参数激励下能量采集系统的同宿分岔现象；使用随机线性化、谐波平衡法和 Monte-Carlo 等方法研究双稳态系统以及多稳态系统中的随机共振和相干共振现象。

压电振动能量采集涵盖了机械工程、材料科学和电子科学与技术等学科。在压电振动能量采集分析过程中，结构振动内容往往和电学问题相互耦合在一起。本书主要介绍不同激励形式、结构下的多稳态非线性力-电耦合响应的建模问题，而不去关心储能元件和电子元件等内容。压电能量采集的力学响应和电学响应完全取决于环境激励特征，笔者主要考虑外部环境中谐波激励和随机激励两种形式，并通过一系列解析、数值和实验方法进行定性和定量分析。

本书设计多种双稳态以及多稳态能量采集装置，并着重分析其随机动力学行为，利用相干共振机理对系统参数进行优化设计。本书共包括 8 章，具体内容如下：

第 1 章，阐述压电能量采集系统的研究背景及意义，简要介绍国内外相关领域的发展历程和研究现状，总结能量采集领域尚未解决或有待进一步探索的关键问题，初步确立主要的研究内容和研究方案。

第 2 章,基于 Melnikov 方法,分别探讨同宿分岔对基础激励下和参数激励下能量采集系统的影响。一方面,建立双稳态非线性压电能量采集系统动力学模型并且分析系统的同宿分岔和混沌等非线性动力学行为;另一方面,为了进一步探究参数激励下的能量采集系统,基于能量法和广义 Hamilton 原理建立磁致屈曲压电梁的分布式参数模型。根据 Melnikov 理论,获得双稳态能量采集系统在谐波激励下关于同宿分岔的定性研究方法。通过对系统参数优化,得到同宿分岔和高能解的阈值曲线。分析数值结果发现,系统在临界阈值处由单阱运动演变为双阱运动,验证了该方法的有效性。实验结果表明,通过 Melnikov 方法获得的参数可以取得更宽的工作频带,因此可为能量采集系统参数设计提供有效的理论依据。

第 3 章,根据基尔霍夫定律和牛顿第二定律,从受压梁的双稳态特性出发,建立等效的随机激励作用下压电能量采集系统的集中参数模型。首先,采用随机线性化方法对一类环境噪声作用下能量采集系统进行分析,获得输出电压近似闭合形式的表示函数,用数值方法验证相干共振现象。其次,研究含分数阶阻尼的双稳态能量采集系统的相干共振。对于分数阶方程,采用 Euler-Maruyama-Leipnik 方法进行求解,计算不同阻尼阶数下的能量采集系统的信噪比、响应均值、跃迁数目等统计物理量。结果表明,此压电能量采集系统在随机激励下可以实现相干共振,阻尼阶数对相干共振的临界噪声强度和相干共振幅值有很大影响。最后,提出将压电和电磁两种能量转换方式集中在一个系统当中,形成一个具有复合能量采集机理的微能源装置,既有压电式结构简单、换能密度大的优点,又有电磁式材料制备容易、成本低廉的优点,为能量转化提供了新的尝试方法。

第 4 章,研究受压梁能量采集系统在横向激励时的动力学问题。通过广义 Hamilton 原理得到分布参数形式的机电耦合控制方程。采用数值方法计算系统在确定性激励和随机激励作用下的动态响应。结果表明,系统在谐波激励下经历了不同的非线性运动状态,屈曲双稳态时所能采集的能量更多。在随机激励下,屈曲双稳态导致相干共振的发生,使能量转化效果大幅提升,为结构参数优化提供了依据。在相干共振的基础上,通过引入轴向谐波激励,研究受压压电梁在横向随机激励下的随机共振。根据广义 Hamilton 原理得到机电耦合控制方程。采用 Kramers 逃逸率得到随机共振发生的必要条件。数值结果验证了随机共振发生阈值,表明随机共振发生时能量转化效率可以进一步提高。这为优化能量采集结构提供了尝试性方法。

第 5 章,为了提高振动能量的转化效率,提出一类改进双稳态能量采集系统(ABEH)模型并开展理论分析。通过改变传统磁斥力双稳态系统(BEH)中磁铁的支撑方式,有效地降低系统的势能垒,使其更容易实现双阱之间的跳跃。通过推导,得到磁铁之间的耦合公式,采用数值方法计算系统在确定性激励和随机激励作用下的动态响应。结果表明,相比传统双稳态系统,改进了的双稳态系统能够在随机强度较小时产生大的电压和功率,因而具有更好的鲁棒性。

第6章,为了进一步提高传统磁斥力双稳态系统(BEH)振动能量采集效率,提出三稳态能量采集系统。通过广义 Hamilton 原理建立压电磁耦合能量采集系统的模型,推导出耦合的磁力公式。分别用数值方法和实验方法计算系统在确定性激励和随机激励下的响应。结果表明,该系统可以在低频激励下实现大幅运动,并且可以在低强度随机激励下实现相干共振。

第7章,提出高效受压能量采集系统(HC-PEH)的分布参数模型,并采用伽辽金法将连续体模型离散为单自由度非线性振动系统。结果表明,硬弹簧特性使得模型即使在很小的基础激励下也可以产生宽频响应以及多解共存等非线性特点。理论结果和实验结果相互对应,共同验证了非线性响应可用于提升能量采集效果。此外,通过扫频开展参数分析,获得了梁长度、质量、阻尼等对能量采集器电压响应的影响规律。

第8章,建立屈曲受压式能量采集系统(BC-PEH)的解析模型,并通过谐波平衡方法进行求解。在谐波激励和随机激励下开展参数研究,获得优化的结构参数。数值结果、解析结果以及实验结果的一致性充分验证了模型的正确性。通过和已有的高效受压式能量采集系统(HC-PEH)和双稳态能量采集系统(BEH)比较,屈曲受压式能量采集系统在单位能量密度、能量输出和输入比等方面都具有优势。

作为阅读本书的必要条件,笔者假定读者已经学过一些工科类本科阶段所必须掌握的课程,如振动力学,并且具备一定的常微分方程基础知识。本书的部分内容超出了本科生必修课程的范围,如随机振动、非线性振动等,不过笔者列出了一些参考书目和文章供读者学习和参考。

在本书的编写和出版过程中,笔者得到了各方的大力支持,也非常高兴在研究的过程中能够与多位研究者合作,例如秦卫阳教授(西北工业大学)、Jean Zu 教授(多伦多大学)、田瑞兰教授(石家庄铁道大学)、杨永锋副教授(西北工业大学)、Zhengbao Yang 博士(香港城市大学)、蓝春波博士(南京航空航天大学)和周志勇博士(河南大学),没有他们就不可能完成这项工作,在此对他们表示诚挚的谢意。还要感谢中国力学学会和中国振动工程学会,他们举办了多次以能量采集为主题的研讨会,非常有利于拓宽视野和启发创新精神。

最后,希望本书出版后,能得到广大读者的支持。欢迎各位批评、指正。

李海涛

2019 年 7 月于太原

目　　录

第1章 压电能量采集介绍

本章主要介绍利用压电材料的压电效应进行能量回收、利用,讨论压电能量转化机理相对于电磁式和静电式的优越性。在本章中,我们将对涉及压电能量采集的文献进行广泛的回顾,并综述压电能量采集的研究现状,探讨非线性振动能量采集。本章还将介绍随机振动能量采集以及相干共振机理,目的在于借助于相干共振机理,在宽带环境弱基础激励下大幅度提高环境能量转换效率。

1.1 压电振动能量采集

能源问题是当今世界最受关注的热点话题之一,各国研究者一直在努力解决传统能源在使用过程中遇到的问题。近年来随着对低耗能电子元件如无线传感器[1-2]、便携电子设备[3-5]、微型医疗器械的研究深入[6-7],如何有效地为这些器件供能成为研究者非常关注的问题。

近年来,微型高能电池蓬勃发展。它可以满足对无线低耗能电子元件的供能需求,但是仍然存在一些缺点:一是对于一些需要长时间工作的分散式、嵌入式元件而言,定期更换供能设备要花费大量的人力和物力;二是一些元件常常处于精密的仪器当中,假如供能设备体积较大会给产品微型化带来很多不便[8]。另外,日常生活的环境中存在各式各样的能量,将环境中能量收集起来,为电子设备供给能量,这无疑对优化电子设备性能具有十分重要的意义。以上这些原因直接促进了能量采集领域(energy harvesting)的兴起。

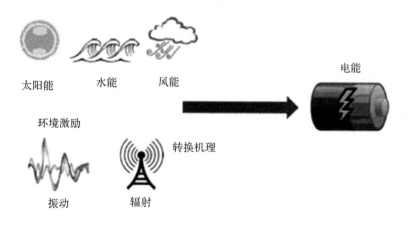

图 1.1 能量采集示意图

如图 1.1 所示,许多能源,比如我们所熟知的太阳能、水能、风能和地热等都可用于能量采集。太阳能的能量密度很高,但是它对光照强度和光照时间却有着较强的依赖,并且一些对光照较为敏感的元件也会影响系统的能量采集效率,除此之外,较低的转换效率也会妨碍装置的进一步应用[9]。热能可以通过热电耦合将外界热能转化为电能,虽然使用寿命长,但是能量转化效率低[10]。表 1-1 列出了几种常见的振动源的基本振动特征(主要指频率和对应的加速度),可见机械振动在现实环境中广泛存在,而且相对一些能源来说能量密度较高。因此,环境振动的动能是一种比较理想的备用能源,将环境振动能量转化为可用的电能的振动式能量采集系统也成为微能源领域研究的一个重点课题。一些研究表明,振动能量采集系统可以充分地从环境振动中采集能量,目前已经广泛地应用在生产、生活领域,例如轮胎压力测试传感系统、无线医疗设备、楼宇自动化系统[11-14]等。

表 1-1   实际环境中可用于振动能量采集的能量源

振动源	加速度/(m·s⁻²)	频率/Hz
行走	0.4	1
汽车引擎	12	200
开关门的声音	3	125
洗衣机	3.5	121
搅拌机	6.4	121
机床地基	10	70
汽车仪表盘	3	13
空调通风口	0.2~1.5	60
微波炉	2.5	121
繁忙街道的窗户	0.7	100
人行过街天桥	1.3	0.9~1

振动能量采集系统输出电能的大小取决于从应用环境中获得的动能、振动方式和转化效率等因素。Williams 和 Yate[15]首次提出振动能量采集的概念,他们设计了单自由度的能量采集装置并且介绍了压电式[16-19]、电磁式[20-24]以及静电式[25-28]三种能量转换机理,如图 1.2 所示。电磁式主要利用磁铁和线圈之间的电磁感应现象和法拉第定律。由于振动的能量会带动永磁铁产生变化的磁场,因此感应线圈会产生感应电流。研究表明,电磁式虽然能量密度较高,但相对输出功率较低、体积大,妨碍了其进一步微型化。静电式是通过相对运动改变电容形成电流,从而采集能量。静电式适用于微尺度系统,但是由于其能量密度较低,限制了其进一步发展。

在三种转换机理中,压电式由于其工作频带较宽、能量密度较高而最受研究者关注。压电式能量采集系统是基于压电效应将动态应变转化为动态的电压。1880 年,居里夫妇首次发现压电效应。它是指当压电晶体受到机械应力发生拉伸和压缩时,内部产生极化现象,同时表面呈现正负相反、等量的电荷。如图 1.3 所示,压电效应是一个可逆的过程,当外力作用方向改变时,电荷的极性随之改变,这种现象称为压电正效应,常常应用于传感器和能量采集器等。相反,对压电材料施加电场,将使其产生机械变形或机械应力,这种现象称为压电逆效应,常常应用于作动器等。压电材料的发展经历了从天然晶体到人工合成多晶体的变化,其性能得到了极大的改善。目前,压电材料主要分为以下几大类:压电单晶结构、压电多晶体、压电高分子聚合物、压电复合材料以及压电半导体。在过去的十几年中,压电材料在现代工业中得到了广泛的应用,如 B 超检测超声探头、海洋探测声呐、压电超声马达和超声清洗器等[29-32]。

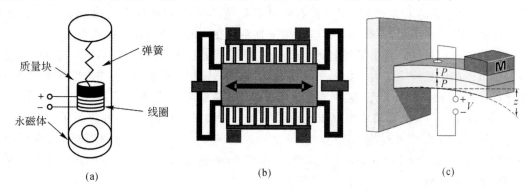

图 1.2　三种能量转化机理
(a)电磁式;　(b) 静电式;　(c) 压电式

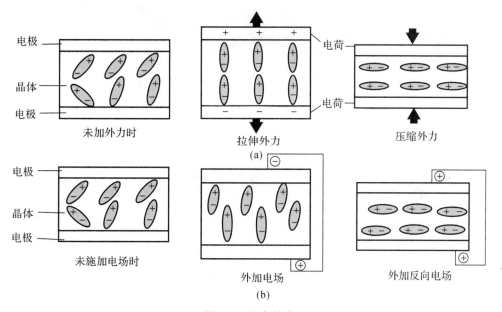

图 1.3　压电效应
(a)压电正效应;　(b)压电逆效应

压电材料的力学和电学特性可以用两个线性的本构方程来描述。

正压电效应:
逆压电效应:

$$\left.\begin{array}{l} D = eS + \varepsilon^{S}E \\ T = c^{E}S + e^{T}E \end{array}\right\} \tag{1-1}$$

其中,D 是电位移矢量;T 是应力矢量;e 是压电应力矩阵;c^{E} 是恒定电场下的弹性系数矩阵;S 是应变矢量;ε^{S} 是恒定应变下的介电系数矩阵;E 是电矢量。

根据极化、加载和响应方式的不同,压电陶瓷的工作模式可以分为31,33和15三种。31模式的特点是极化产生的电场方向垂直于位移方向,而33模式的特点是产生的电场方向与位移方向相同。由于15模式利用压电材料的剪切变形且电压极易退化,因此实用价值不大。31和33模式的能量采集效率被许多研究者研究。Cottone 等人[33]研究了固支梁能量采集系统在31方向的效率,Feenstra 等人[34]发现了压电叠堆能量采集器在33模式下的能量采集效率。研究发现,能量采集系统的采集效率除了与固有频率相关外,还与结构特性有关,梁式能量采集系统的研究主要基于31模式,而叠堆式压电能量采集系统在33模式下工作更有效率。

悬臂式压电能量采集系统是目前研究最广的 31 模式能量采集系统,它是一个包裹着单层或双层压电薄膜的悬臂梁结构。如图 1.4 所示,当基础激励作用到悬臂梁上时,悬臂梁的弯曲变形使得压电薄膜产生电压。这种能量采集装置被许多研究者进行了系统的研究[35-39]。Roundy 和 Wright[4]建立单自由度双压电薄膜的能量采集系统理论模型,并进行了相应的实验研究。Dutoit 等人[40]通过简化压电材料的本构关系,提出了简化的单自由度能量采集系统集中参数模型。Euturk 和 Imman[41-43]基于 Euler-Bernoulli 梁理论得到了压电式振动能量采集系统的解析形式解。

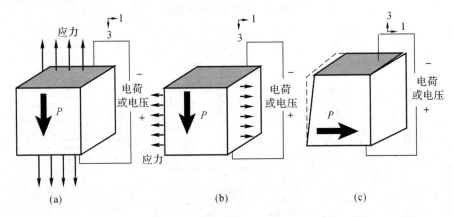

图 1.4 压电效应的三种模式

(a)33模式; (b)31模式; (c)15模式

如图 1.5 所示,传统的能量采集系统研究主要基于线性共振理论,虽然结构简单,但是只能在固有频率附近有效工作。然而当激励频率与固有频率不一致时,能量采集效果就会急剧下降。由于环境激励是以多频、宽谱形式存在的,因此这种能量采集系统无法在实际环境中有效地工作。

为了解决这一问题,研究者分别使用不同的方法拓宽能量采集系统的工作频带。目前最为有效的常见方法是引入调频控制和非线性刚度。总体上讲,调频控制可以分为主动调频[44-47]和被动调频[48-53]。主动调频是通过给压电能量采集系统输入电压或者对分流电阻进行开关控制来实现的。这种方法的弊端是输入的能量往往大于采集到的能量。相反,被动调频不需要额外地输入能量,而是通过调节刚度和质量来改变系统的共振频率。常见的被动调频例子是对悬臂梁式能量采集系统引入尖端质量。通过改变质量的大小,系统可以实现可控频率。另外,被动调频控制也可以通过引入外预应力改变系统刚度来实现。另一种拓展频带的方法是设计多模态的能量采集结构[54]。Shahuruz[55]设计了一种由多个长短不一的悬臂梁组成的能量采集系统,每根梁都有各自的独立频率,这样整个系统无须调频就可以在不同的频率下有效地工作。类似地,Xue 等人[56]和 Ferrari 等人[57]设计了改变厚度和改变顶端质量的能量采集系统,也可以实现拓展工作频带的结果。

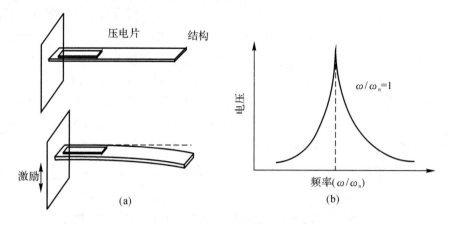

图 1.5 线性能量采集系统

(a)悬臂梁式能量采集系统示意图; (b)频谱响应函数

为了克服线性能量采集系统工作频带较窄的缺点,近期研究者利用非线性振动拓宽压电式能量采集系统的工作频带[58-63]。磁力耦合和结构非线性是引入非线性刚度的典型手段。磁力耦合给常规的能量采集系统安装磁铁,充分利用磁极之间的非线性吸力和斥力,使系统呈现非线性刚度。

一些研究者研究了压电耦合和电磁耦合作用下的非线性单稳态能量采集系统。在单稳态能量采集系统中,非线性磁力耦合可以使系统在不同的磁间距下分别呈现非线性迟滞特性(即硬弹簧特性和软弹簧特性,见图 1.6)。正是这种特殊的性质使得非线性系统能在较宽的频带上取得较好的能量采集效果。Gafforelli 等人[64]实验研究了带有单稳态特性的固支梁能量采集系统,结果表明硬弹簧非线性使系统的工作频带变宽。然而,事实上单稳态能量采集系统存在依赖初始条件的多解共存现象。因此当激励强度较小时,单稳态能量采集系统和线性能量采集系统的输出响应类似,工作频带较窄。

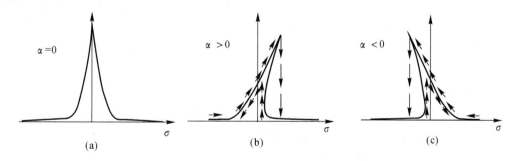

图 1.6 非线性 Duffing 方程的频响曲线

(a)线性; (b)硬弹簧特性; (c)软弹簧特性

Erturk 和 Inmman[65]研究了双稳态能量采集系统,分析了系统的高能轨道、混沌吸引子等特殊的非线性现象。结果表明,在非共振情形下,非线性能量采集系统的输出性能远远大于线性能量采集系统。除了磁力耦合,一些研究利用结构非线性特别是双稳态来拓宽工作频带。

Arrieta 等人[66-68]建立了复合材料板的双稳态模型,实验结果表明,系统可以在较宽的频率范围内产生大的功率输出。Hajati 等人[69]提出了带有跨中质量的受压梁式能量采集系统,该结构通过考虑拉伸应变等结构非线性来拓宽系统的有效带宽。Masana 等人[70-72]研究了轴向受力的受压梁式能量采集系统,在预应力的作用下,固支梁呈现屈曲状态。Sneller 等人[73]建立了带有跨中质量块的双稳态能量采集系统,柔性梁在预应力和基础激励共同作用下会出现平衡点突变现象,此时会产生较大的位移应变。因此,双稳态的突变机理可用于提升能量采集系统在宽频激励下的功率输出。与文献[73]中结构相似,Cottone 等人建立了不含跨中质量的受压梁能量采集系统,着重分析了系统在随机激励下的响应,结果表明屈曲状态比非屈曲状态产生了更大的功率输出。

1.2　随机激励下振动能量采集

关于能量采集的大部分研究都认为振动系统的输入激励是确定性的,一般假设其为谐波激励。然而谐波激励的假设过于理想化,环境激励一般是以具有一定带宽的随机形式存在的。与研究确定性系统庞大的人群相比,只有很少的人从事随机激励下能量采集系统的研究。一般情形下,假设激励为具有无限带宽的 Gauss 白噪声,其功率谱密度(PSD)可以近似看成一条平滑的直线。

单自由度模型是目前定性、定量研究随机激励下能量采集系统的常见模型。Adhikari[74]在考虑系统基础振动模态的前提下将连续系统简化为单自由度振动模型,求得了功率的解析表达式并给出了数值算例进行验证。Scruggs[75]研究了线性能量采集系统的最优控制,增加了系统在随机激励下能量采集效果。Daqaq[76-77]求得了单自由度能量采集系统在 Gauss 白噪声情形下的概率密度函数和闭合形式的均方响应。Gammaitoni 等人[78]发现在一些特定的情形下,非线性单稳态系统和非线性双稳态会产生比线性系统好的能量采集效果。Litak[79]采用数值方法研究了压电磁耦合的能量采集系统,发现噪声标准差和响应之间的内在联系。Zhao[80-81]建立了悬臂梁式能量采集系统的分布参数模型,采用 Euler - Maruyama 方法对随机微分方程进行求解,并通过实验进行验证。Cottone[82]建立了双稳态能量采集系统,该系统由倒立摆和相互排斥的耦合磁铁组成。实验表明通过优化磁铁之间距离,双稳态能量采集系统在随机激励下获得了较大的能量输出。

目前针对随机激励下能量采集系统的理论研究主要集中在通过解析方法近似求解方面。Halvorsen[83]通过求解 FPK 方程优化了系统参数,得到了系统的闭合形式解。Jiang[84-85]使用矩方程方法求得了一类电磁耦合的能量采集系统的响应统计量的解析表达式。Ali[86]使用随机线性化对宽频激励下的能量采集系统进行了定性分析,得到了随机谱密度和响应标准差之间的解析关系。Jin[87]使用随机平均法求得能量采集系统在 Gauss 白噪声激励下的近似解析解。He 和 Daqaq[76,88-89]在理论上分析了硬弹簧特性的能量采集系统在 Gauss 白噪声激励下的随机响应,结果表明引入非线性刚度能够提高系统的输出功率。

1.3　随机共振和相干共振

在现实生活中,噪声总是扮演着一个消极、有害的角色。例如,当机械设备出现故障时,故障信号总是掺杂着许多背景噪声,从而影响人们获取有效质量的信号。

1981 年 Benzi 等人[90]在研究古冰川气象问题时提出随机共振(Stochastic Resonance,SR)概念。自此以后,这一现象受到了广大科学家和工程技术人员的重视。随机共振展现出一些特殊的性质,例如将噪声加入受到周期信号作用的非线性系统时,输出信噪比在某一噪声强度下会增加。随机共振的出现,彻底改变了人们对噪声的看法,因为在某些特殊的情况下,可以将噪声变害为利,起到积极的建设性作用。由此可以联想,可将随机共振的独特优势应用到能量采集系统当中,通过某种机制使其产生随机共振现象,将宽频激励能量在某一频带上集中输出,从而大大提高能量转换效率。Mcinnes 等人[91]提出利用非线性随机共振原理提高能量采集效率,建立了具有双稳态特性的物理模型,通过数值模拟验证了该方法的有效性。

本书研究的相干共振(Coherence Resonance,CR)是一类特殊的随机共振。一般来讲,随机共振的构成要素有 3 个:①微弱的相干信号(周期力);②非线性双稳态系统[见图 1.7 (a)];③加在相干信号上的随机激励,例如白噪声、色噪声和一些非白噪声[92-94]。而相干共振主要是指非线性系统只受噪声激励的情况,故相干共振又被命名为"自适应随机共振"[95]。由于此时系统在只受到宽频的随机激励时也会产生近似于周期的大幅运动[见图 1.7(b)],因此可以在频域范围内实现能量集中。由此可以联想到,相干共振和能量采集之间有很强的比拟性,也就是说,这一特点可以应用于增强低频小幅激励下能量采集系统的振幅响应,提高输出电压和功率,从而大幅提高能量转化效率。目前,从动力学角度看,相干共振一般存在于两种系统:一种是可激发系统,噪声引发弛豫振荡;另一种是临界分岔系统,噪声引发谐波振动。自 1993 年首次提出相干共振概念之后,Wenning 等人[96]在单个神经元细胞中证明相干共振的存在,即在噪声的强度超过一定的阈值之后,系统发生相干共振,产生脉冲放电现象。Ushakov 等人[97]在对带有延迟反馈的半导体激光研究中,在 Hopf 分岔点附近,发现由于随机激励,系统的响应会发生超临界或亚临界 Hopf 分岔,出现稳定的极限环,由此产生相干共振。本书的核心思想是提出若干种压电梁能量采集系统并采用随机共振和相干共振原理,即利用噪声、外界周期信号和非线性系统的协调作用,将无序的噪声能量集中输出,从而提高能量的转化效率。

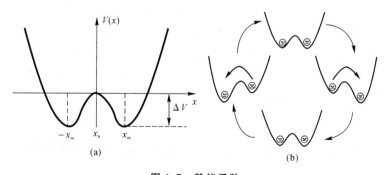

图 1.7　势能函数

(a)双稳态;　(b)动态双稳态

$V(x)$—势能函数;　x_m—稳定平稳位置;　x_b—不稳定平稳位置

第2章 基于 Melnikov 方法的非线性 能量采集参数研究

2.1 引　　言

在双稳态能量采集系统中,同宿分岔是实现大幅阱间运动和混沌运动的原因。同宿分岔本质上是相交于鞍点的稳定流形和不稳定流形发生横截同宿缠绕。引发流形横截相交的激励临界值就是发生同宿分岔的阈值。同宿分岔发生的时候,同宿轨道破裂消失,开始出现阱间跳跃。

1963 年,Melnikov 提出了全局的解析方法用于判断平面可积系统的稳定和不稳定流形在微弱参数扰动下发生横截同宿相交。该理论成立的假设是平面可积系统的未扰 Hamilton 系统存在双曲鞍点以及连接这些双曲鞍点的同宿轨道或者异宿轨道。Melnikov 理论已经被证明是一种很好的可以预测同宿分岔的方法,它的优点在于可以直接用于解析计算,以便对系统进行深入的理论分析研究。一些文章中给出了关于 Melnikov 函数严格的数学证明和理论推导[98-102]。Melnikov 理论的意义在于它能定量地给出 Smale 马蹄意义下的混沌阈值。

Melnikov 方法从提出到现在得到了广泛的应用和发展。Menikov 方法为研究平面确定性与随机性动力系统的混沌和分岔提供了理论支持。Holmes[103]将 Melnikov 方法应用到负刚度振子当中,并通过数值计算得到了系统的奇怪吸引子。Wiggins 等人[104]将 Melnikov 方法推广到多频激励的情形。Moon[105]使用 Melnikov 方法研究了 Duffing 系统次谐轨道的存在性以及稳定性。Frey 和 Simiu[106-107]提出了广义随机 Melnikov 方法,并分析了 Duffing 振子在 Gauss 白噪声激励下发生阱间跳跃的激励阈值。Hao 等人[108]使用改进的广义 Melnikov 方法分析了复合压电梁结构的混沌动力学问题,数值结果表明当参数满足 Melnikov 方法的阈值曲线时,系统出现多脉冲混沌现象。张伟等人[109]利用 Melnikov 方法研究了参数激励与强迫激励联合作用下 Duffing - Vanderpol 系统的同宿分岔与异宿分岔,并通过数值方法验证了混沌运动特性。Parthasarathy[110]采用 Melnikov 方法研究了参数激励下的 Duffing 方程,得到了不同的结构参数情形下发生同宿分岔的必要条件。

2.2　基础激励下的同宿分岔研究

大多数研究者采用 Melnikov 方法来预测 2 维平面系统发生同宿分岔的激励阈值[111-112]。但是当前的能量采集系统至少为一个 3 维的机电耦合系统。因此受维数的限制,目前关于受压梁能量采集系统通过同宿分岔产生高能轨道的预测研究还比较少。Stanton 等人[113]利用 Melnikov 方法研究了双稳态压电能量采集系统出现高能轨道的必要条件。Chen 等人[114]利用 Melnikov 理论和实验的手段研究了旋转机械能量采集系统的同宿分岔现象。

在本节中,将能量采集系统中机电耦合、负载阻抗以及外激励等成分看作对平面可积系统的小参数扰动。基于 Melnikov 理论,探讨同宿分岔产生时的大幅阱间跳跃对采集效率的影响。本节结构如下:首先提出将轴向受压梁简化为一个等效的负刚度压电振子,并且根据牛顿第二定律和基尔霍夫定律得到受压梁压电能量采集系统的集中参数模型。然后根据振动控制方程以及 Melnikov 理论得到系统在谐波激励下发生同宿分岔的必要条件。根据得到的解析表达式,优化激励频率以及电阻等参数。最后通过数值模拟以及实验验证理论方法的正确性。

2.2.1　模型描述

图 2.1(a) 给出了受压压电梁的模型,它由钢梁和压电片构成。压电梁受到两个外力,其中一个是静力载荷 F_N,它将导致梁呈现屈曲的双稳态。另外一个就是横向激励 $u(t)$,它将使受压梁产生受迫的横向振动。能量转化过程可以描述如下:首先,机械能(如外激励、加速度等) 将转化为主结构的振动。然后,结构振动产生的应变能通过压电片(PZT) 转化为电能。

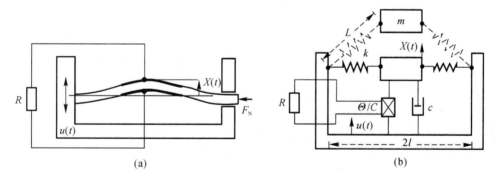

图 2.1　受压式压电梁及其简化模型示意图

(a) 受压式双稳态能量采集系统；　(b) 等效集中参数模型

当轴向载荷超过受压-压电梁的临界屈曲载荷时,压电梁在竖直方向上稳定平衡位置的个数发生明显变化,由一个变为两个。如图 2.1(b) 所示,根据屈曲压电梁的双稳态特性,可以将其简化为一个由受压弹簧斜支撑的压电弹簧质量系统模型。Cao 等人[115]与 Tian 等人[116]对不考虑机电耦合的斜支撑弹簧振子的光滑-不连续特性进行了深入的研究,使用 Melnikov 理论着重分析了混沌动力学以及余维 2 分岔现象。根据牛顿第二定律以及基尔霍夫定律,压电弹簧质量系统的动力学控制方程可以写成

$$\left.\begin{array}{l} m\ddot{X} + c\dot{X} + 2kX\left(1 - \dfrac{L}{\sqrt{X^2 + l^2}}\right) + \dfrac{\Theta}{C}Q = -m\ddot{u} \\[4mm] C\dot{V} + \dfrac{V}{R} = \Theta\dot{X} \end{array}\right\} \qquad (2-1)$$

式中,($\cdot$)表示对于 t 的导数;m 表示压电弹簧振子的等效质量;c 表示等效阻尼;k 表示线性等效刚度;L 表示斜支撑弹簧原长度;l 表示质量块质心到支点的水平距离;X 表示质量块的相对位移;u 表示外部环境的位移激励;C 表示等效电容;Θ 表示压电耦合系数;Q 表示压电振子的电荷输出。

当压电振子的振动速度较快时,需要进一步将阻尼系数和压电耦合系数表示成 $c=a_1+a_2|\dot{X}|$ 和 $\Theta(X)=d_1+d_2\sqrt{|X|}$ [117]。其中,a_1,a_2 分别为线性和非线性阻尼系数;d_1,d_2 分别表示线性和非线性机电耦合系数。压电能量采集系统的电压输出表示成 $V=-\frac{\Theta}{C}X+\frac{Q}{C}$,在纯电阻电路前提下,电压输出可以进一步表示为 $V_R=V=-RQ$。能量采集系统的集中参数模型可以写成

$$\left.\begin{aligned}&m\ddot{X}+(a_1+a_2|\dot{X}|)\dot{X}+2kX\left(1-\frac{L}{\sqrt{X^2+l^2}}\right)-\frac{1}{C}(d_1+d_2\sqrt{|X|})Q=m\ddot{u}\\&R\dot{Q}-\frac{1}{C}(d_1+d_2\sqrt{|X|})X+\frac{Q}{C}=0\end{aligned}\right\} \quad (2-2)$$

引进无量纲常数 c_q,令 $X=Lx,u=Lv,Q=c_qq,\tau'=\sqrt{2k/m}t$,对方程式(2-2)无量纲化,有

$$\left.\begin{aligned}&x''+(2\mu^*x'+\eta|x'|x')+x(1-\frac{1}{\sqrt{x^2+\sigma^2}})-\xi^*(\theta+\beta\sqrt{|x|})q=v''\\&\rho^*q'-(\theta+\beta\sqrt{|x|})x+q=0\end{aligned}\right\} \quad (2-3)$$

其中,($'$)表示对 τ' 的导数;$2\mu^*=a_1/\sqrt{2km}$;$\eta=a_2L/m$;$\sigma=l/L$;$\theta=Ld_1/c_q$;$\beta=\sqrt{L^3}d_2/c_q$;$\xi^*=\frac{1}{2kC}\left(\frac{c_q}{L}\right)^2$;$\rho^*=RC\sqrt{2k/m}$。因为在弹簧受压时 $\sigma\neq0$,等效能量采集系统可以在 $x=0$ 处将无理项$(1-\frac{1}{\sqrt{x^2+\sigma^2}})$进行 Taylor 级数展开,方程式(2-3)可以表示成

$$\left.\begin{aligned}&x''+(2\mu^*x'+\eta|x'|x')+\left(1-\frac{1}{\sigma}\right)x+\frac{x^3}{2\sigma^3}-\xi^*(\theta+\beta\sqrt{|x|})q=v''\\&\rho^*q'-(\theta+\beta\sqrt{|x|})x+q=0\end{aligned}\right\} \quad (2-4)$$

当 $\sigma<1$ 时,系统对应轴向载荷 F_N 超过受压梁临界屈曲载荷的情形,此时方程式(2-4)呈现双稳态特点。取尺度变换 $\tau=\sqrt{(\frac{1}{\sigma}-1)}\tau'$,可以得到

$$\left.\begin{aligned}&x''+(2\mu x'+\eta|x'|x')-x+\alpha x^3-\xi(\theta+\beta\sqrt{|x|})q=v''\\&\rho q'-(\theta+\beta\sqrt{|x|})x+q=0\end{aligned}\right\} \quad (2-5)$$

其中,$\mu=\mu^*\sqrt{\frac{\sigma}{1-\sigma}}$;$\alpha=\frac{1}{2\sigma^2(1-\sigma)}$;$\xi=\left(\frac{c_q}{L}\right)^2\frac{2kCl}{L-l}$;$\rho=\rho^*\sqrt{\frac{1-\sigma}{\sigma}}$。假定外部激励为 $\ddot{u}=A\sin(\Omega t)$,无量纲之后为 $v''=f\sin(\omega\tau)$,其中 $f=\frac{mAl}{2kL(L-l)}$,$\omega=\sqrt{\frac{2k(L-l)}{ml}}\Omega$。方程式(2-5)可以写成

$$\left.\begin{aligned}&x''+(2\mu x'+\eta|x'|x')-x+\alpha x^3-\xi(\theta+\beta\sqrt{|x|})q=f\sin(\omega\tau)\\&\rho q'-(\theta+\beta\sqrt{|x|})x+q=0\end{aligned}\right\} \quad (2-6)$$

由于前面将电压定义成 $V=-RQ'$，机电耦合系统的输出功率可以写成 $P=V^2/R$。双稳态能量采集系统无量纲瞬时输出功率表示为

$$P=\rho q'^2 \tag{2-7}$$

令 $x_1=x,x_2=x',x_3=q$，方程式(2-6)转化成状态方程：

$$\left.\begin{aligned}
x'_1 &= x_2 \\
x'_2 &= -(2\mu x_2+\eta\mid x_2\mid x_2)+(x_1-\alpha x_1^3)+\xi(\theta+\beta\sqrt{\mid x_1\mid})x_3+f\sin(\omega\tau) \\
x'_3 &= \frac{1}{\rho}\big[(\theta+\beta\sqrt{\mid x_1\mid})x_1-x_3\big]
\end{aligned}\right\} \tag{2-8}$$

2.2.2　Melnikov 理论分析

下面将采用 Melnikov 方法来讨论能量采集系统的同宿分岔。参考文献[101-102]给出了 Melnikov 方法的核心思想，即通过对未扰方程加上微弱扰动来得到扰动情况下的近似稳定流形和不稳定流形。根据摄动法思想，如果将阻尼、机电耦合以及谐波激励等因素看成微小扰动，那么系统[式(2-8)]可以重新写成 Hamilton 可积系统和扰动系统的组合，即

$$x'=f(x)+\varepsilon g(x,\tau) \tag{2-9}$$

其中，ε 为小参数；向量函数定义为

$$x=\begin{bmatrix}x_1\\x_2\\x_3\end{bmatrix},\quad f(x)=\begin{bmatrix}x_2\\x_1-\alpha x_1^3\\0\end{bmatrix}$$

$$g(x,\tau)=\begin{bmatrix}0\\-(2\mu x_2+\eta\mid x_2\mid x_2)+(x_1-\alpha x_1^3)+\xi(\theta+\beta\sqrt{\mid x_1\mid})x_3+f\sin(\omega\tau)\\\dfrac{1}{\rho}\big[(\theta+\beta\sqrt{\mid x_1\mid})x_1-x_3\big]\end{bmatrix} \tag{2-10}$$

系统[式(2-9)]的未扰 Hamilton 形式可以写成

$$\left.\begin{aligned}
x'_1 &= x_2 \\
x'_2 &= (x_1-\alpha x_1^3)
\end{aligned}\right\} \tag{2-11}$$

方程式(2-11)的同宿解(图 2.2 中的曲线)可表示成

$$\left.\begin{aligned}
x_{1h} &= \sqrt{\frac{2}{\alpha}}\,\mathrm{sech}(\tau) \\
x_{2h} &= -\sqrt{\frac{2}{\alpha}}\,\mathrm{sech}(\tau)\tanh(\tau)
\end{aligned}\right\} \tag{2-12}$$

二维动力系统中关于用 Melnikov 方法研究同宿分岔和混沌的文献比较多。对于式(2-1)，由于电荷坐标的存在，能量采集系统为一个 3 维的机电耦合动力系统。通常情况下，使用广义 Melnikov 方法求解高维非线性系统较为复杂。对此类问题，Stanton 等人[113]提出了一种降维方法，将 3 维能量采集系统转化为 2 维系统。

将方程式(2-12)代入方程式(2-9)中，得到电荷坐标在同宿轨道情形下的解为

$$x_{3h} = \mathrm{e}^{-\frac{t}{\rho}} \int_0^t \frac{1}{\rho} \left[\theta + \beta \sqrt{\lceil \mathrm{sech}(s) \rceil} \right] \mathrm{sech}(s)\,\mathrm{d}s =$$

$$\sqrt{\frac{2}{\alpha}} \left\{ -\frac{2^{\frac{4}{3}} \mathrm{e}^{-\frac{t}{2}} \left[-\mathrm{e}^{2t}(2+\rho)\,_2\mathcal{F}_1\left(\frac{1}{2}, \frac{3}{4} + \frac{1}{2\rho}, \frac{7}{4} + \frac{1}{2\rho}, -\mathrm{e}^{2t}\right) - (2+3\rho)\,_2\mathcal{F}_1\left(\frac{1}{2}, \frac{-2+\rho}{4\rho}, \frac{3}{4} + \frac{1}{2\rho}, -\mathrm{e}^{2t}\right) \right]}{\rho(2+3\rho)} + \right.$$

$$\left. \frac{2\mathrm{e}^t \theta \rho\,_2\mathcal{F}_1\left[1, \frac{1+\rho}{2\rho}, \frac{1}{2}\left(3 + \frac{1}{\rho}\right), -\mathrm{e}^{2t}\right]}{\rho(1+\rho)} + \frac{\alpha^{-\frac{1}{4}} \sqrt{\mathrm{sech}(t)} \sinh(t)}{\rho} \right\} \qquad (2-13)$$

其中，$_2\mathcal{F}_1(a,b,c,d)$ 表示超几何函数（Hypergeometric function）。方程式（2-8）的数值形式解与方程式（2-13）的解析形式解对比情形如图 2.3 所示，可以看出两者大小相等。因此，在后面论述中，可以采用数值形式求解 x_{3h}。

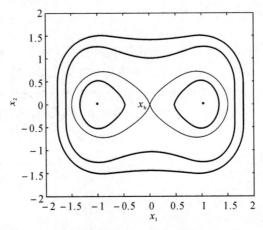

图 2.2　未扰 Hamilton 系统相图

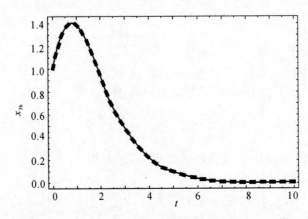

图 2.3　x_{3h} 数值解（虚线）与解析解（实线）（$a = \sqrt{2}$）

相应地，消除方程式（2-8）中的电荷坐标，定义一个不含 x_3 的系统：

$$x'_h = f_h(x_h) + \varepsilon g_h(x_h, t) \qquad (2-14)$$

其中

$$x_h = \begin{bmatrix} x_{1h} \\ x_{2h} \end{bmatrix}, \quad f_h = \begin{bmatrix} x_{2h} \\ x_{1h} - \alpha x_{1h}^3 \end{bmatrix}$$

$$g_h = \begin{bmatrix} 0 \\ -(2\mu x_{2h} + \eta|x_{2h}|x_{2h}) + \xi(\theta + \beta\sqrt{|x_{1h}|})x_{3h} + f\sin(\omega t) \end{bmatrix}$$

基于 Melnikov 理论，我们定义了一个可以用来测量稳定流形和不稳定流形之间距离的函数，即 Melnikov 函数：

$$M(\tau_0) = \int_{-\infty}^{\infty} f_h(x_h) \wedge g_h(x_h, \dot{x}_h, \tau + \tau_0) d\tau \tag{2-15}$$

其中，二维算子"∧"表示 $f_{h,1}g_{h,2} - f_{h,2}g_{h,1}$。

Melnikov 函数可以进一步表示成

$$M(\tau_0) = -2\mu I_\mu + \eta I_\eta - \xi I_\xi + f I_f \tag{2-16}$$

其中

$$I_\mu = \int_{-\infty}^{+\infty} \left[\sqrt{\frac{2}{\alpha}}\,\text{sech}(\tau)\tanh(\tau)\right]^2 d\tau = \frac{4}{3\alpha}$$

$$I_\eta = \int_{-\infty}^{+\infty} -\left[\sqrt{\frac{2}{\alpha}}\,\text{sech}(\tau)\tanh(\tau)\right]^2 \left|\sqrt{\frac{2}{\alpha}}\,\text{sech}(\tau)\tanh(\tau)\right| d\tau = -\frac{8\sqrt{2}}{15\alpha\sqrt{\alpha}}$$

$$I_\xi = \int_{-\infty}^{+\infty} \left[\theta + \beta\sqrt{\left|\sqrt{\frac{2}{\alpha}}\,\text{sech}(\tau)\right|}\right]\left[-\sqrt{\frac{2}{\alpha}}\,\text{sech}(\tau)\tanh(\tau)\right]x_{3h} d\tau$$

$$I_f = \int_{-\infty}^{+\infty} \left[-\sqrt{\frac{2}{\alpha}}\,\text{sech}(\tau)\tanh(\tau)\right]f\sin[\omega(\tau+\tau_0)]dt = f\sqrt{\frac{2}{\alpha}}\,\pi\omega\,\text{sech}\left(\frac{\pi\omega}{2}\right)\cos(\omega\tau_0)$$

因为 I_ξ 很难得到解析形式的解，所以在后面的分析中采用 Simpson 数值积分方法解决这一问题。

合并方程式(2-16)的积分结果可以得到

$$M(\tau_0) = -\Gamma_m - \xi I_\xi + f S(\omega)\cos\omega\tau_0 \tag{2-17}$$

其中，$\Gamma_m = \dfrac{8\mu}{3\alpha} + \dfrac{8\sqrt{2}\,\eta}{15\alpha\sqrt{\alpha}}$；$S(\omega) = \sqrt{\dfrac{2}{\alpha}}\,\pi\omega\,\text{sech}\left(\dfrac{\pi\omega}{2}\right)$。$S(\omega)$ 又被称为 Melnikov 因子，它表示 Melnikov 函数对于某一频率的敏感程度超过其他频率。

由于 Melnikov 函数是一种可以近似度量稳定流形和不稳定流形之间距离的函数，因此当函数有零根存在时，系统将会发生同宿分岔。同宿分岔发生的必要条件就是当且仅当下面不等式成立：

$$\Gamma_m + \xi I_\xi < f S(\omega) \tag{2-18}$$

值得注意的是，不等式(2-18)只是发生同宿分岔的必要条件，满足该条件并不一定会产生高能轨道以及混沌。但是这种方法为预测同宿分岔提供了一种解析形式的参考。

2.2.3　能量采集参数优化

下面利用由 Melnikov 函数得到的边界对一些参数进行优化。图 2.4 给出了 $\alpha = 1$ 时的 $S(\omega)$ 函数形状，可见当 $\omega = 0.765$ 时达到最大值。因此当 $\omega = 0.765$ 时，Melnikov 函数受到无量纲频率 ω 的影响最大。此时的双稳态能量采集系统更容易经历同宿轨道分岔，由此产生双阱运动响应将使系统采集更多的电能。

I_ξ 是一个关于 ρ 的函数。根据 ρ 的物理意义,当 ρ 较小时,系统趋近于开路情形,而当 ρ 较大时,系统趋近于短路情况。如图 2.5 所示,当 $\rho = 1.35$ 时,I_ξ 达到最大值,这意味着此时同宿分岔发生的条件受到 ρ 的影响最大。值得注意的是,当 I_ξ 上升时,不等式(2-18)不容易满足,此时难以发生阱间跳跃运动。因此,需要考虑一个合理的 I_ξ 范围来设计双稳态能量采集系统。当 ρ 较大时候,I_ξ 单调递减趋近于 0[见图 2.5(b)],此时系统的 Melnikov 函数等价于经典的单自由度情形。

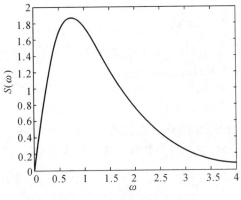

图 2.4 $\alpha = 1$ 时的 $S(\omega)$ 函数

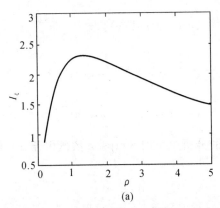

(a)

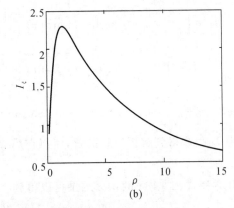

(b)

图 2.5 $\alpha = 1, \beta = 0.5, \theta = 1, \mu = 0.1$ 时参数 ρ 和 I_ξ 的关系

(a) 参数 ρ 和 I_ξ 的关系($\rho = 0.1 \sim 5$); (b) 参数 ρ 和 I_ξ 的关系($\rho = 0 \sim 15$)

同宿分岔发生的激励阈值可以通过求解不等式(2-18)获得,即激励幅值满足不等式 $f > (\Gamma_m + \xi I_\xi)/S(\omega)$。图 2.6 给出了 I_ξ 分别取 0 和 2.29,其他参数取表 2-1 所列的值时关于 w,f 的同宿分岔阈值曲线。I_ξ 和 ρ 分别选取图 2.5 中最大值处所对应的那一组参数。从图 2.6 中可以明显看出,考虑了机电耦合情形下发生同宿分岔的阈值要明显高于不考虑机电耦合的情形。

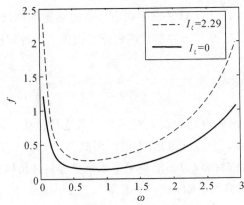

图 2.6 同宿分岔阈值曲线

2.2.4　数值模拟

现在通过数值积分方法对方程式(2-8)中的同宿分岔现象进行验证。当参数取表 2-1 所列数值时,图 2.7(a)为关于激励幅值 f 的分岔图,相应地,图 2.7(b)为 Lyapunov 指数图。从图 2.7 中可以看到,当激励幅值低于 Melnikov 函数所预测的阈值[图 2.7(a)中虚线]时,没有阱间跳跃现象发生。当 f 在 0.4～1.8 之间变化时,系统将会发生倍周期分岔以及混沌。图 2.7(b)中双稳态能量采集系统的 Lyapunov 指数谱和分岔图一致,可以看到混沌窗口随着激励幅值增大交替出现,引起混沌的激励幅值有下限而没有上限。

表 2-1　参数激励能量采集系统的几何参数和材料参数

参数	符号/单位	数值
振子的质量	m/kg	0.005
弹簧的刚度	$k/(\mathrm{N \cdot m^{-1}})$	3.14
线性阻尼系数	$a_1/(\mathrm{N \cdot s \cdot m^{-1}})$	3.108 43
非线性阻尼系数	$a_2/(\mathrm{N \cdot s \cdot m^{-1}})$	0.05
线性压电耦合系数	d_1	0.093
非线性压电耦合系数	d_2	0.034 6
振子质心到支点水平距离	l/m	0.052
弹簧原长	L/m	0.1
电阻	R/Ω	54 287
电容	C/F	8×10^{-8}
激励频率	$\Omega/(\mathrm{rad \cdot s^{-1}})$	25.4

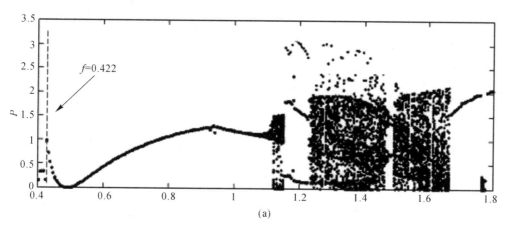

图 2.7　关于输出功率的分岔图和 Lyapunov 指数

(a)分岔图

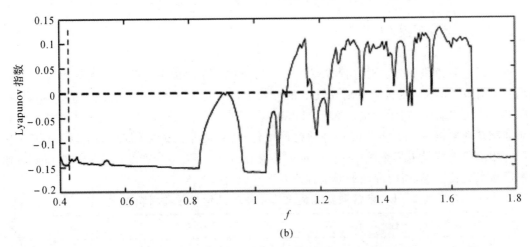

(b)

续图 2.7 关于输出功率的分岔图和 Lyapunov 指数

（b）Lyapunov 指数

图 2.8～图 2.12 为 f 取不同值时双稳态能量采集系统的相平面图、庞加莱（Poincaré）截面图和功率时间历程图。数值结果描述了两类有趣的动力学现象。图 2.8 表明当激励幅值 f 小于 Melnikov 预测值时，不等式（2-18）无法满足，双稳态能量采集系统呈现单阱动力学行为，此时的输出功率较低。随着激励强度的增加，系统的参数满足不等式（2-18），系统将获得足够的能量越过势能垒，演变成围绕两个稳定平衡点的大幅度双阱运动。图 2.8(b)和图 2.9(b)表明无量纲功率的幅值由于历经同宿分岔而增大。图 2.9～图 2.12 表明随着激励强度的增加，在相平面上呈现出双阱倍周期、混沌运动交替状态。

谐波激励的平均功率可以表示成 $P_0 = f^2/2$。图 2.13 为最后 5 个周期的输入和输出功率的比值。可以看出，当系统呈现双阱单倍周期运动的时候，功率比值达到最高。由于双阱周期 1 运动时的输出功率要远远大于其他动力学行为，这时的运动轨迹又被称为高能轨道。这一结果可用于特定频率下对激励强度的优化计算。

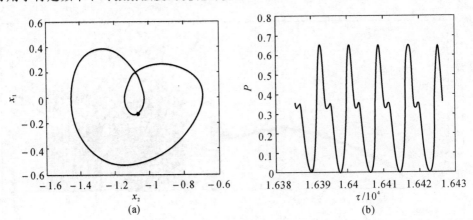

图 2.8 $f=0.422$ 时单阱周期 1 运动

（a）x_1-x_2 相平面图和庞加莱截面图； （b）P 的时间历程图

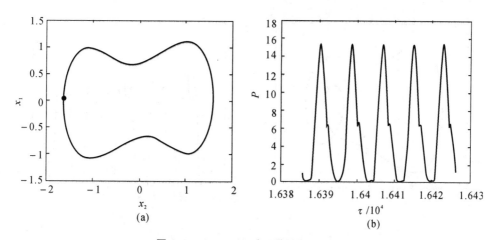

图 2.9　$f=0.423$ 时双阱周期 1 运动

(a)x_1-x_2 相平面图和庞加莱截面图；　(b)P 的时间历程图

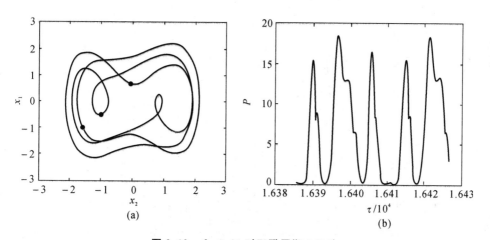

图 2.10　$f=1.21$ 时双阱周期 3 运动

(a)x_1-x_2 相平面图和庞加莱截面图；　(b)P 的时间历程图

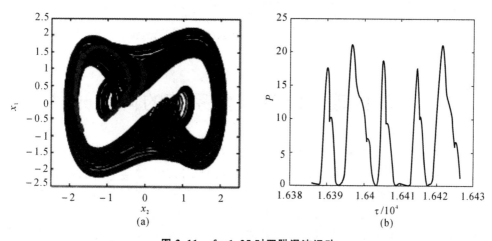

图 2.11　$f=1.25$ 时双阱混沌运动

(a)x_1-x_2 相平面图和庞加莱截面图；　(b)P 的时间历程图

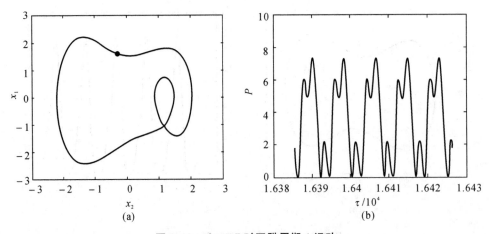

图 2.12　$f=1.7$ 时双阱周期 1 运动

(a)x_1-x_2 相平面图和庞加莱截面图；　(b)P 的时间历程图

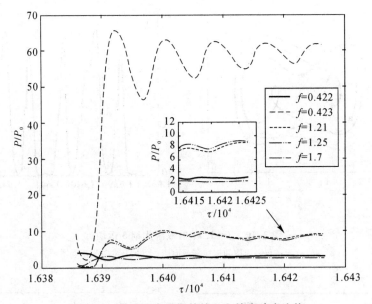

图 2.13　最后 5 个周期的输入和输出功率比值

2.3　参数激励能量采集系统的同宿分岔

常规的线性或者非线性能量采集系统都依赖于基础激励下的内共振或者主共振现象。Lan 等人[118]研究了一类带有尖端质量的竖直悬臂梁结构在垂直激励下的主共振现象。Chen 等人[119]研究了一种跳跃振子的主共振现象,发现主共振能提高系统在 Gauss 白噪声激励下的能量输出。但是,通过参数激励来放大基础激励提高能量采集系统效果的研究比较少。参数激励和基础激励在加载方向是不同的,基础激励和系统的运动方向一致,而参数激励和系统的运动方向相互垂直。

Daqaq 等人[120]基于稳定性理论探讨了通过参数激励来提高能量采集效果。Jia 和 Yan 等人[121-122]提出了自参数激励能量采集系统,这种系统的功率比常规的要高一个数量级。但是,这些关于单稳态动力学行为的研究或讨论说明它只能在高频的范围上有效地工作。McInnes 等人[91]讨论了受压式-双稳态能量采集系统在谐波激励和随机激励下的随机共振。Zhu 等人[123]提出了一种磁致耦合屈曲梁压电能量采集系统。这个系统结合了双稳态和自参数激励的特点,因此能在宽频弱激励下取得比较好的采集结果。结果表明,磁间距对这种能量采集系统发生跳跃的频带有着很大的影响。因此,给出发生跳跃的解析参数域是十分必要的。然而目前关于这方面的研究大都集中在实验和数值仿真方面,极少有研究通过解析方法关注这种参数激励下的能量采集系统发生跳跃的内在机理。在 2.2 节我们介绍了 Melnikov 方法并且探讨了基础激励下能量采集系统的同宿分岔。在本节我们将使用 Melnikov 方法来研究一种磁致屈曲压电梁在参数激励下的同宿分岔现象。首先,基于能量法和广义 Hamilton 原理建立磁致屈曲压电梁的分布式参数模型。其次,采用 Melnikov 方法获得系统发生同宿分岔和阱间跳跃的阈值。再次,采用数值模拟来讨论磁铁间距对工作带宽的影响。最后,通过实验来验证相应的数值结果和理论分析。

2.3.1　分布参数模型

如图 2.14 所示,磁致屈曲压电式能量采集系统包括一个压电梁、一个质量块和两个永磁铁。压电梁只在部分贴有压电陶瓷并且两端固支。梁的底端的质量块可以在竖直方向上沿着导轨定向滑动。两个磁铁一个固定在质量块上,另一个固定在夹具上,它们磁极相向,因此可以产生磁斥力。当磁铁之间的距离近到一定程度时,产生的斥力将会超过梁发生屈曲的临界载荷。d_0 表示梁未屈曲时磁铁之间的间距。为了研究压电受压梁的动态响应,我们采用广义 Hamilton 原理来建立能量采集系统的分布参数模型。系统的动能表示成

$$T = T_{\mathrm{pb}} + T_{m_0} = \frac{1}{2} \int_0^l m \{ [\dot{u}(x,t) + \dot{u}_{\mathrm{b}}(t)]^2 + \dot{w}(t)^2 \} \, \mathrm{d}x + \frac{1}{2} m_0 \, [\dot{u}_l(x,t) + \dot{u}_{\mathrm{b}}(t)]^2$$

$$(2-19)$$

其中,$(\cdot)$ 表示对时间的导数;l 是压电梁的长度;m_0 表示质量块的质量;u_l 表示它的位移;$u(x, t)$ 和 $w(x,t)$ 表示轴向和横向位移;$u_{\mathrm{b}}(t)$ 表示基础振动位移;m 表示单位长度的质量,表示成

$$m = \rho_s b_s h_s + \rho_p b_p h_p [H(x - l_1) + H(x - l_1 - l_p)] \qquad (2-20)$$

式中,ρ_s 表示基底的密度;b_s,h_s 分别为基底的宽度和厚度;ρ_p 表示压电片的密度;b_p,h_p 分别为压电片的宽度和厚度;l_p 和 l_1 分别表示压电片的长度和压电片的位置坐标;$H(x)$ 是用来表示梁的厚度变化的 Heaviside 函数。

对于能量采集系统,势能总共包括几个部分,压电梁的弹性势能,质量块的重力势能和磁铁之间的磁势能。假设梁的弯曲幅度比较大,压电梁的势能可以表示成

$$U_{\mathrm{pb}} = \frac{1}{2} \int_0^l EI \left[w''(x,t) + \frac{1}{2} w'(x,t)^2 w''(x,t) \right]^2 \mathrm{d}x + \frac{EA}{2l} \left[\int_0^l w'(x,t)^2 \mathrm{d}x \right]^2 -$$

$$\frac{1}{2} \int_0^l v_{\mathrm{p}} w''(x,t) \mathrm{d}x + \frac{1}{2} C_{\mathrm{p}} V^2 \qquad (2-21)$$

式中,$(')$ 表示关于位移的导数;v_{p} 是机电耦合项,其可表示成 $v_{\mathrm{p}} = d_{31} E_{\mathrm{p}} b_{\mathrm{p}} l_{\mathrm{p}} (h_{\mathrm{c}}^2 - h_{\mathrm{b}}^2)/h_{\mathrm{p}} \{ [H(x - l_1) - H(x - l_1 - l_{\mathrm{p}})] \}$,其中 d_{31} 是压电应变常数;C_{p} 是压电片上的电容,其可表

示成 $C_p = \varepsilon_{33} b_p l_p / h_p$，其中，$\varepsilon_{33}$ 是压电允许常数；EI 为抗弯刚度，其可表示成

$$EI = \frac{E_s b_s h_s^3}{12} \left[H(x) + H(x-l) - H(x-l_1) + H(x-l_1-l_p) \right] +$$
$$\frac{E_s b_s (h_b^3 - h_a^3) + E_p b_p (h_c^3 - h_b^3)}{3} \left[H(x-l_1) - H(x-l_1-l_p) \right] \qquad (2-22)$$

式中，E_s，E_p 分别为基底和压电层的弹性模量；h_a，h_b 和 h_c 分别是从中性层到基底底层的距离，从中性层到压电片底层的距离，从中性层到压电片上层的距离；$V(t)$ 为压电片的输出电压。

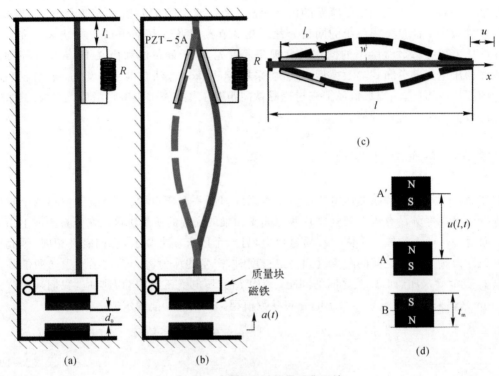

图 2.14 参数激励能量采集系统

底端质量块 m_0 的重力势能可表示成

$$U_{m0} = m_0 g (d_0 + u_b) \qquad (2-23)$$

式中，g 表示重力加速度。

在描述磁力的过程中，把永磁铁当作磁偶极子。根据磁铁之间的几何关系，从动磁铁 B 到固定磁铁 A 之间的向量可以表示成

$$\boldsymbol{r}_{BA} = [d_0 + u(L,t)] \hat{\boldsymbol{e}}_x \qquad (2-24)$$

式中，$\hat{\boldsymbol{e}}_x$ 为平行于 x 轴的单位向量。磁矩向量 $\boldsymbol{\mu}$ 依赖于磁铁的体积可表示为

$$\boldsymbol{\mu} = \boldsymbol{M} V_m \qquad (2-25)$$

式中，$\boldsymbol{M}$ 表示磁铁的磁偶极矩；V_m 为磁铁的体积。磁偶极矩 $\boldsymbol{M}$ 依赖于磁铁的剩余磁通密度 $\boldsymbol{B}_r$ 并且表示为 $\boldsymbol{M} = \dfrac{\boldsymbol{B}_r}{\mu_0}$，其中，$\mu_0 = 4\pi \times 10^{-7}$ H/m 表示为真空磁导率。基于正交分解，磁偶极矩向量可以写成

$$\left.\begin{array}{l} \mu_{A} = -M_{A}V_{mA} \\ \mu_{B} = M_{B}V_{mB} \end{array}\right\} \qquad (2-26)$$

因此,磁铁的磁势能为

$$U_{m} = \frac{3\mu_{0}}{2\pi}\left(\frac{\mu_{A}\mu_{B}}{\parallel \boldsymbol{r}_{BA}\parallel_{2}^{3}}\right) \qquad (2-27)$$

相应的等效磁力可表示为

$$F_{m} = -\frac{3\mu_{0}}{2\pi}\frac{\mu_{A}\mu_{B}}{\parallel \boldsymbol{r}_{AB}\parallel_{2}^{4}}\boldsymbol{r}_{AB} \qquad (2-28)$$

式中,$\parallel \cdot \parallel_{2}$ 表示二范数。图 2.15 为磁耦合力及弹性恢复力和磁铁间距的关系,可以看出磁耦合力随着磁间距的增加而单调递减。

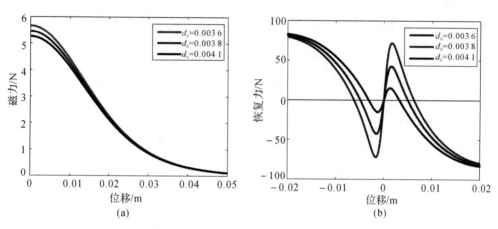

图 2.15　不同磁间距下的磁力及恢复力

(a) 磁力关于磁间距的函数;　(b) 梁的恢复力

基于前面给出的动能和势能,系统的 Lagrange 函数可以表示成

$$L = T_{pb} + T_{m0} - U_{pb} - U_{m0} - U_{m} \qquad (2-29)$$

引入耗散方程 δW 来表示机械阻尼和系统的电阻尼,即

$$\delta W = c_{1}\int_{0}^{L_{1}}\dot{w}_{1}\delta w_{1}\mathrm{d}x - c_{2}\dot{u}_{1}\delta u_{1} + \delta Q \qquad (2-30)$$

式中,c_{1} 和 c_{2} 为阻尼系数,分别来表示黏性阻尼和摩擦导致的能量损耗;Q 表示压电片的电荷输出,它的时间变化率为通过电阻的电流即 $\dot{Q} = V/R$。

横向振动可以表示成前 n 阶模态振型的线性组合,即

$$w(x,t) = \sum_{n=1}^{\infty}p_{n}(t)\phi_{n}(x) \qquad (2-31)$$

式中,p_{n} 和 ϕ_{n} 分别表示模态坐标和振型函数。由于一阶模态在位移响应中发挥主导作用,而高阶模态因频率较高,可以忽略其影响,为了方便分析,我们只取基础模态,即 $n=1$。假设梁是柔性的并且不可拉伸,它的轴向位移可表示成

$$u_{1}(x,t) = \frac{1}{2}\int_{0}^{x}w'_{1}(x,t)^{2}\mathrm{d}x \qquad (2-32)$$

因此,$\boldsymbol{r}_{BA}$ 和 F_{m} 可以进一步表示成

$$\boldsymbol{r}_{BA} = [d_{0} + u(L,t)]\hat{\boldsymbol{e}}_{z} = \left(d_{0} + \frac{\pi^{2}}{16l}p^{2}\right)\hat{\boldsymbol{e}}_{z} \qquad (2-33)$$

和

$$F_{\mathrm{m}} = \frac{3\mu_0}{2\pi} \frac{M_{\mathrm{A}} V_{\mathrm{A}} M_{\mathrm{B}} V_{\mathrm{B}}}{d_0 + \frac{\pi^2}{16l} p^2} \tag{2-34}$$

选择 p 和 V 作为广义坐标,系统的运动方程可以根据 Lagrange 方程得出,即

$$\left.\begin{aligned} \frac{\mathrm{d}}{\mathrm{d}t}\left(\frac{\partial L}{\partial \dot{p}}\right) - \frac{\partial L}{\partial p} = \frac{\delta W}{\partial p} \\ \frac{\mathrm{d}}{\mathrm{d}t}\left(\frac{\partial L}{\partial \dot{V}}\right) - \frac{\partial L}{\partial V} = \frac{\delta W}{\partial V} \end{aligned}\right\} \tag{2-35}$$

对于固支-固支边界条件,基础模态振型函数可以写成

$$\phi = \left[1 - \cos(2\pi x/L_2)\right]/2 \tag{2-36}$$

另外,基于 Taylor 展开,方程式 $(2-35)$ 的磁力可以化简成

$$F_{\mathrm{m}}(d) = \frac{3M^2 V^2 \mu_0}{2d_0^4 \pi} - \frac{3\pi M^2 V^2 \mu_0}{8(d_0^5 L)} p^2 \tag{2-37}$$

将上述式 $(2-21)$ 和式 $(2-37)$ 代入式 $(2-35)$,得到机电耦合振动控制方程:

$$\left.\begin{aligned} \ddot{p} + c_1 \dot{p} + c_2 p^2 \dot{p} + \alpha_1 p + \alpha_2 p^3 + \beta(\ddot{p} p^2 + \dot{p}^2 p) + \chi V = -\gamma p \ddot{u}_{\mathrm{b}} \\ \dot{V} + \kappa V = \zeta \dot{p} \end{aligned}\right\} \tag{2-38}$$

式中,c_1 和 c_2 为阻尼系数;β 是由于柔性梁几何非线性导致的常数;α_1 和 α_2 分别是线性和非线性刚度;μ 表示磁力常数;χ 表示机电耦合常数;γ 是加速度激励作用在基础模态的常数;V 是压电片的输出电压。这些系数可以通过以下表达式求得:

$$c_1 = \hat{c}_1 \int_0^l \phi^2 \mathrm{d}x \Big/ \int_0^l m\phi^2 \mathrm{d}x$$

$$c_2 = \hat{c}_2 \left(\int_0^l \phi^2 \mathrm{d}x\right)^2 \Big/ \int_0^l m\phi^2 \mathrm{d}x$$

$$\alpha_1 = \left(\int_0^l EI\phi'^2 \mathrm{d}x + m_0 g \int_0^l \phi'^2 \mathrm{d}x - \mu \frac{3M^2 V^2 \mu_0}{2d_0^4 \pi}\right) \Big/ \int_0^l m\phi^2 \mathrm{d}x$$

$$\alpha_2 = \left[\int_0^l EI\phi'^2 \phi''^2 \mathrm{d}x + \mu \frac{3\pi M^2 V^2 \mu_0}{8(d_0^5 L)}\right] \Big/ \int_0^l m\phi^2 \mathrm{d}x$$

$$\beta = \left[\int_0^l m \left(\int_0^x \phi'^2 \mathrm{d}x\right)^2 \mathrm{d}x + m_0 g \left(\int_0^l \phi'^2 \mathrm{d}x\right)^2\right] \Big/ \int_0^l m\phi^2 \mathrm{d}x$$

$$\mu = \int_0^l \phi'^2 \mathrm{d}x$$

$$\chi = \left(\int_0^l \upsilon_{\mathrm{p}} \phi'' \mathrm{d}x\right) \Big/ \int_0^l m\phi^2 \mathrm{d}x$$

$$\gamma = \int_0^l m \left(\int_0^x \phi'^2 \mathrm{d}x\right)^2 \mathrm{d}x + m_0 \int_0^l \phi'^2 \mathrm{d}x$$

$$\kappa = 1/RC_{\mathrm{p}}$$

$$\zeta = \int_0^l \upsilon_{\mathrm{p}} \phi'' \mathrm{d}x / C_{\mathrm{p}}$$

2.3.2 Melnikov 条件

Melnikov 阈值是判断系统是否发生同宿分岔的必要条件。为了使用 Melnikov 函数,首

先将控制方程转化为带有扰动项的状态方程：

$$\left.\begin{aligned}
\dot{p} &= q \\
\dot{q} &= -\alpha_1 p - \alpha_2 p^3 - \varepsilon \left[c_1 q + c_2 p^2 q + \beta(\dot{q} p^2 + q^2 p) + \chi V + \gamma p \ddot{u}_b(t) \right] \\
\dot{V} &= -\kappa V + \zeta \dot{p}
\end{aligned}\right\} \qquad (2-39)$$

式中，ε 表示小参数。可以看出，扰动来自于阻尼、机电耦合、惯性力以及外激励的共同作用。Melnikov 方法广泛地运用在二维平面随机和确定动力系统当中，但是方程式（2-20）是一个三维动力系统。为了解决这一问题，Stanton 等人[113]提出了一种将三维动力系统降为二维动力系统的方法。首先将方程式（2-39）重新写成

$$(p, \dot{p}, V) = f(p, \dot{p}, V) + \varepsilon g(p, \dot{p}, V, t) \qquad (2-40)$$

其中

$$\boldsymbol{f}(p, \dot{p}) = \begin{bmatrix} q \\ -\alpha_1 p - \alpha_2 p^3 \\ 0 \end{bmatrix}$$

$$\boldsymbol{g}(p, \dot{p}, V) = \begin{bmatrix} 0 \\ -\left[c_1 \dot{p} + c_2 p^2 \dot{p} + \beta(\ddot{p} p^2 + \dot{p}^2 p) + \chi V + \gamma p \ddot{u}_b(t) \right] \\ -\kappa V + \zeta \dot{p} \end{bmatrix}$$

令 $\varepsilon = 0$，可以得到未扰的 Hamilton 系统为

$$\left.\begin{aligned}
\dot{p} &= q \\
\dot{q} &= -\alpha_1 p - \alpha_2 p^3
\end{aligned}\right\} \qquad (2-41)$$

方程式（2-42）的 Hamilton 函数可以写成

$$H(p, q) = \frac{1}{2} q^2 + U(p) \qquad (2-42)$$

其中，$U(p) = \dfrac{\alpha_1}{2} p^2 + \dfrac{\alpha_2}{4} p^4$ 为弹性势能。图 2.16(a) 说明势能函数 $U(p)$ 在 $p=0$ 存在一个局部最大值点，它会导致同宿分岔，使得系统从阱内振动转化为阱间振动。未扰的 Hamilton 系统存在一个连接鞍点的同宿轨道［见图 2.16(b)］，它可以表示成

$$\left.\begin{aligned}
p_h &= \sqrt{\frac{2\alpha_1}{\alpha_2}} \operatorname{sech}(\sqrt{\alpha_1}\, t) \\
q_h &= \frac{-\sqrt{2}\,\alpha_1}{\sqrt{\alpha_2}} \operatorname{sech}(\sqrt{\alpha_1}\, t) \tanh(\sqrt{\alpha_1}\, t)
\end{aligned}\right\} \qquad (2-43)$$

基于方程式（2-23），可以求得

$$V_h = \frac{-\sqrt{2}\,\alpha_1 \zeta}{\sqrt{\alpha_2}} e^{-\kappa t} \int_0^t e^{\kappa t} \operatorname{sech}(\sqrt{\alpha_1}\, t) \tanh(\sqrt{\alpha_1}\, t)\, \mathrm{d}t \qquad (2-44)$$

由 Melnikov 理论可知，作为判断同宿分岔必要条件的 Melnikov 函数可以表示成

$$M(t_0) = \int_{-\infty}^{\infty} f(p_h, q_h) \wedge g(p_h, q_h, V_h, t)\, \mathrm{d}t \qquad (2-45)$$

其中，$\wedge$ 表示外积 $f_{1h} g_{2h} - f_{2h} g_{1h}$。

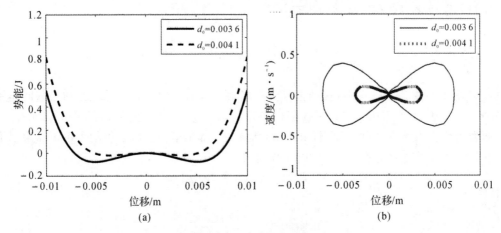

图 2.16 静态力学特性

(a) 势能函数; (b) 同宿轨道

将基础加速度激励设为 $\ddot{u}_b(t)=\ddot{a}=a_0\cos(\omega t)$,其中 a_0 表示加速度幅值,ω 为角频率。将方程式(2-23)和式(2-24)代入到方程(2-25)中,得到

$$M(t_0)=\int_{-\infty}^{\infty}-q_h\big[c_1\dot{p}_h+c_2p_h^2\dot{p}_h+\beta(\ddot{p}_hp_h^2+\dot{p}_h^2p_h)+\chi V_h+\gamma p_ha_0\cos(\omega t)\big]\,\mathrm{d}t=$$

$$-c_1\int_{-\infty}^{\infty}(q_h^2)\,\mathrm{d}t-c_2\int_{-\infty}^{\infty}(p_h^2q_h^2)\,\mathrm{d}t-\beta\int_{-\infty}^{\infty}\big[(\ddot{p}_hp_h^2+q_h^3p_h)\big]\,\mathrm{d}t-$$

$$\chi\int_{-\infty}^{\infty}q_h(V_h)\,\mathrm{d}t-\gamma\int_{-\infty}^{\infty}\big[p_hq_ha_0\cos(\omega t)\big]\,\mathrm{d}t=$$

$$I_1+I_2+I_3+I_4+I_5 \tag{2-46}$$

和

$$h(t)=\mathrm{e}^{\varkappa t}\int_0^t\mathrm{e}^{-\varkappa t}\,\mathrm{sech}(\sqrt{\alpha_1}\,t)\tanh(\sqrt{\alpha_1}\,t)\,\mathrm{d}t$$

其中

$$I_1=c_1\int_{-\infty}^{\infty}(q_h^2)\,\mathrm{d}t=-\frac{4c_1\alpha_1^{\frac{3}{2}}}{3\alpha_2}$$

$$I_2=-c_2\int_{-\infty}^{\infty}(p_h^2q_h^2)\,\mathrm{d}t=-\frac{16c_2\alpha_1^{\frac{5}{2}}}{15\alpha_2^2}$$

$$I_3=-\beta\int_{-\infty}^{\infty}(\ddot{p}_hp_h^2q_h+q_h^3p_h)\,\mathrm{d}t=0$$

$$I_4=-\chi\int_{-\infty}^{\infty}q_h(V_h)\,\mathrm{d}t=\frac{2\chi\alpha_1^2\zeta}{\alpha_2}\int_{-\infty}^{+\infty}h(t)\mathrm{sech}(\sqrt{\alpha_1}\,t)\tanh(\sqrt{\alpha_1}\,t)\mathrm{d}t$$

I_5 可以通过下式来计算:

$$I_5=-\gamma\int_{-\infty}^{\infty}\{p_hq_ha_0\cos[\omega(t+t_0)]\}\,\mathrm{d}t=-\gamma a_0S(\omega)\sin(\omega t_0) \tag{2-47}$$

其中,$S(\omega)=\dfrac{\pi\omega^2\mathrm{csch}\left(\dfrac{\pi\omega}{2\sqrt{\alpha_1}}\right)}{\alpha_2}$ 是通过留数理论得到的结果。

根据 Melnikov 理论,$M(t_0)$ 存在零根时,同宿分支横截相交造成同宿分岔的发生。因此,同宿分岔发生当且仅当下面不等式成立:

$$\left| \frac{I_1 + I_2 + I_3 + I_4}{\gamma S(\omega)} \right| < a_0 \qquad (2-48)$$

很明显,Melnikov 阈值与磁铁之间的距离及其他参数有关。通过 Melnikov 条件,可以得到优化后的磁铁间距,参数激励下的能量采集系统就会有一个较宽的有效工作频带。值得注意的是,不等式是确定同宿分岔的必要条件。当激励强度超过特定的阈值时,同宿分岔将有可能会造成阱间跳跃的产生;当激励强度小于特定的阈值时,同宿分岔则肯定不会发生。

2.3.3　数值模拟

从不等式(2-48)中可以看出,同宿分岔发生依赖于 $S(\omega)$,因此 $S(\omega)$ 被称为 Melnikov 因子,它表示 Melnikov 函数对某一个激励频率的敏感程度超过其他频率。从 $S(\omega)$ 的公式中可以发现,$S(\omega)$ 和参数 α_1 成正比例。图 2.17 为结构和材料参数取表 2-2 中数值时,$S(\omega)$ 关于 d_0 和 m_0 的曲线。可以看到,当 $d_0 = 3.6$ mm 和 $m_0 = 36$ g 时,最优激励频率超过 50 Hz。在图 2.17(a) 中,增加 d_0 使得最优频率趋向于低频。图 2.17(b) 中,当 $m_0 = 32$g 时的最优频率是 $f = 30$ Hz,并且增加 m_0 也使得最优频率趋向于低频。这一现象可以解释为轴向力的减少,即当磁铁间距增大时或者当质量块质量增大时参数 α_1 减小。

表 2-2　参数激励能量采集系统的几何参数和材料参数

参数	符号/单位	数值
压电梁长度	L/mm	110
梁的宽度	b/mm	7
梁的厚度	t/mm	0.2
PZT 的长度	l_p/mm	8
PZT 的宽度	b_p/mm	7
PZT 的厚度	t_p/mm	0.2
PZT 的位置坐标	l_1/mm	15
梁的密度	$\rho_s/(\text{kg} \cdot \text{m}^{-3})$	7.85
PZT 的密度	$\rho_p/(\text{kg} \cdot \text{m}^{-3})$	7.8
梁的弹性模量	E_s/GPa	205
PZT 的弹性模量	E_p/GPa	56
压电常数	$d_{31}/(\text{m} \cdot \text{V}^{-1})$	219×10^9
容许常数	$e_{33}/(\text{nF} \cdot \text{m}^{-1})$	13.27
长方体磁铁的宽度	b_m/mm	9.25
磁铁的厚度	t_m/mm	3.2
磁铁的剩余磁通量	B_r/T	1.4
初始磁铁间距	d_0/mm	3.60
线性阻尼系数	$c_1/(\text{N} \cdot \text{s} \cdot \text{m}^{-1})$	0.02
非线性阻尼系数	$c_2/(\text{N} \cdot \text{s} \cdot \text{m}^{-1})$	0.4
底端质量块	m_0/kg	0.032
重力加速度常数	$g/(\text{m} \cdot \text{s}^{-2})$	9.81

注:PZT 为钛酸铅。

　　根据 Melnikov 方法,我们知道同宿分岔或混沌运动发生当且仅当不等式(2-48)所对应的必要条件成立时。应当注意的是,随着 d_0 的减小,压电梁从未屈曲状态转变为屈曲状态。因此,确定发生同宿分岔的临界距离十分必要。图 2.18 所示为不同的 d_0 和 m_0 对 (f,a_0) 参数平面上同宿分岔阈值曲线的影响,其中激励频率表示成 $f=\omega/2\pi$。阈值曲线将平面分成两部分,曲线上方表明可能发生同宿分岔的参数,而曲线下方为不会发生同宿分岔的参数区域。从激励幅值角度看,这些结果表明增加磁铁之间的间距 d_0 会降低发生同宿分岔的激励阈值。根据图 2.18(b),同样可以得到关于质量块 m_0 的类似结论。

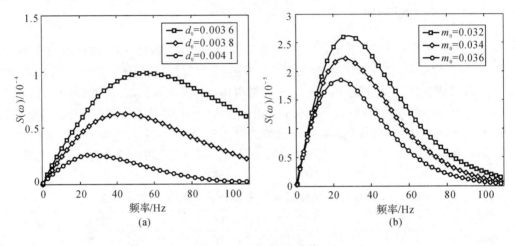

图 2.17　$S(\omega)$-f 曲线

(a) 关于 d_0；　(b) 关于 m_0

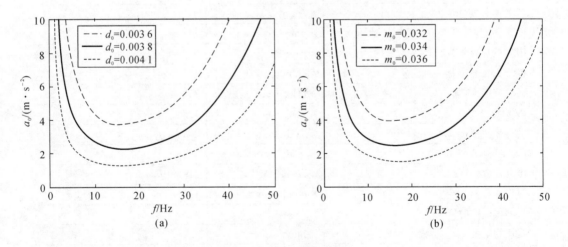

图 2.18　Melnikov 阈值

(a) 关于 d_0；　(b) 关于 m_0

　　为了提高系统的能量采集性能,通过公式 $\dfrac{V_{\text{peak}}^2}{R}$ 给出匹配电阻和输出功率之间的关系。图 2.19 分别为不同电阻情形下的输出电压和输出功率,可以看出,输出功率在 $R=1.6$ MΩ 处达到最大值。因此,$R=1.6$ MΩ 被认为是最优的匹配电阻,并用于后面的模拟当中。这一结果

近似于使用公式

$$R = \frac{1}{Cf} \tag{2-49}$$

得到的结果。其中，C 是压电陶瓷的电容；f 是第一阶振动频率。在我们实验器件中，测得 PZT 的内电容为 3.3 nF。

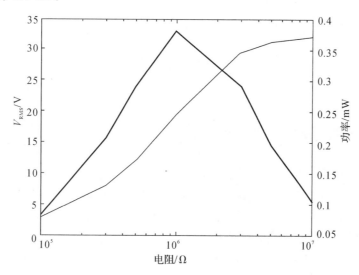

图 2.19　参数激励下能量采集系统外电阻对电压和功率的影响

为了验证 Melnikov 方法的理论分析，由图 2.20 给出相应的分岔图。在图 2.20(a) 中，当加速度从 2 m/s² 增大到 5 m/s² 时，响应经历了周期 1、混沌和多倍周期运动。当 $d_0 = 3.6$ mm 时，临界的加速度值为 $a_0 = 3.85$ m/s²。同宿分岔的临界阈值 a_0 将会随着磁间距的增大而减小。在图 2.20(b) 中，当 $m_0 = 3.2$ g 时，临界的加速度值为 $a_0 = 4.3$ m/s²。同样，同宿分岔的临界阈值 a_0 将会随着质量块 m_0 的增大而减小。

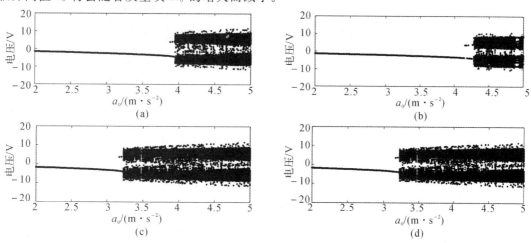

图 2.20　分岔图

(a)$d_0 = 3.6$ mm；　(b)$m_0 = 3.2$ g；　(c)$d_0 = 3.6$ mm；　(d)$m_0 = 3.6$ g

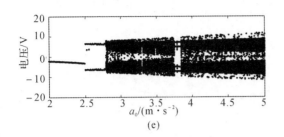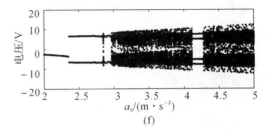

续图 2.20　分岔图

(e)$d_0=4.1$ mm；　(f)$m_0=3.8$ g

2.3.4　谐波激励下的响应

为了全面了解能量采集系统的动力学行为,我们分析了在定频激励和扫频激励情况下的响应特性。此处设定两个磁铁间距 $d_0=3.6$ mm 和 $d_0=4.1$ mm 来说明磁间距的影响。扫频的变化率设定为 $\Delta f=0.1$ Hz/s,这样就能够很好地显示稳态动力学行为。图 2.21 和图 2.22 为不同磁铁间距下 0.5g 加速度激励时的正向扫频和分岔图稳态响应。图 2.21 中,当 $d_0=3.6$ mm 时,系统刚开始围绕一个平衡点振动,在 $f=18$ Hz 时才实现平衡点之间的跳跃。当激励频率增大到35 Hz时,系统又恢复成围绕一个平衡点运动的单阱运动。因此从 18 Hz 到 35 Hz,在 17 Hz 宽的频带上连续实现了阱间跳跃。在图 2.22 中,当磁间距增大到 $d_0=4.1$ mm时,参数激励能量采集系统具有较低的势能垒,因此更容易实现阱间跳跃。结果,受压压电梁从 14.5 Hz 到 39 Hz,在 24.5 Hz 宽的频带上连续实现了阱间跳跃。

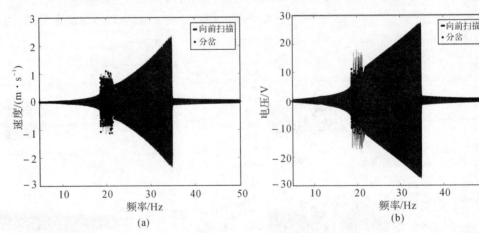

图 2.21　0.5g 加速度时的正向扫频结果和分岔图($d_0=3.6$ mm)

(a)动态响应；　(b)输出电压

图 2.23 为 $d_0=3.6$ mm 时的相平面图和 Poincaré 映射图。当 $f=10$ Hz 时,系统呈现小幅的单阱周期 1 运动。当激励频率增大到 $f=20$ Hz 时,系统进入混沌状态,在相应的 Poincaré 映射界面上出现了由不规则的点构成的特殊吸引子。如图 2.22(c)所示,当激励频率进一步增大到 $f=29$ Hz 时,受压梁呈现大幅的周期 2 运动。最终,当 $f=40$ Hz 时,系统的

运动轨迹最终限制到单个的势能阱当中,回归到小幅的单阱周期 1 运动。

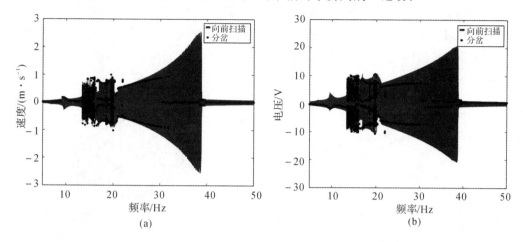

(a)　　　　　　　　　　　　　　　　(b)

图 2.22　0.5g 加速度时的正向扫频结果和分岔图($d_0 = 4.1$ mm)

(a)动态响应;　(b)输出电压

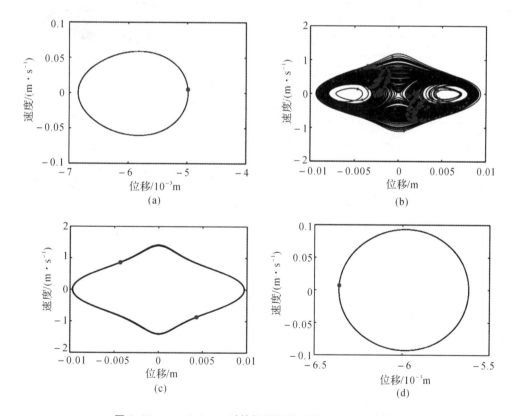

(a)　　　　　　　　　　　　(b)

(c)　　　　　　　　　　　　(d)

图 2.23　$d_0 = 3.6$ mm 时的相平面图以及 Poincaré 映射图

(a)$f = 10$ Hz;　(b)$f = 20$ Hz;　(c)$f = 29$ Hz;　(d)$f = 40$ Hz

如图 2.24 所示,当磁铁间距增大到 $d_0 = 4.1$ mm 时,能量采集系统在激励频率 $f = 10$ Hz 时表现出小幅的单阱周期 1 运动[见图 2.24(a)]。当激励频率增大到 $f = 15$ Hz 时,系统进入到混沌状态[见图 2.24(b)]。当激励频率进一步增大到 $f=18$ Hz 时,系统进入周期 4 运动,此时在相应的 Poincaré 映射界面上出现了由 4 个规则的点构成的吸引子[见图 2.24(c)]。当激励频率继续增大到 $f=20$ Hz 时,系统再次进入混沌窗口,如果继续增大频率,最终通过逆倍周期分岔回归成周期运动[见图 2.24(d)]。如图 2.24(e)(f)所示,当激励频率达到 $f=29$ Hz 时,系统响应呈现周期 2 运动,最后在 $f=40$ Hz 时显示为小幅周期 1 运动。

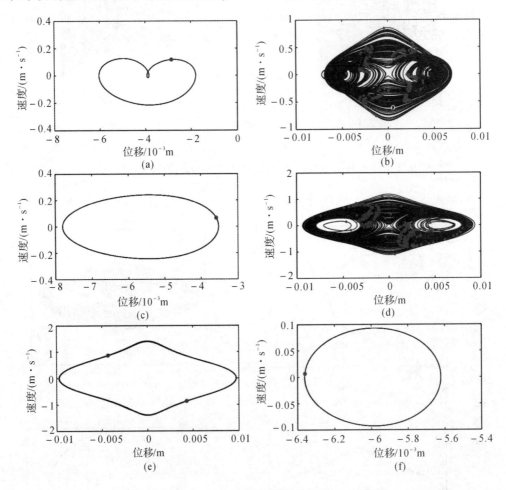

图 2.24 $d_0=4.1$ mm 时的相图以及 Poincaré 映射图

(a) $f=10$ Hz; (b) $f=15$ Hz; (c) $f=18$ Hz; (d) $f=20$ Hz; (e) $f=29$ Hz; (f) $f=40$ Hz

图 2.25 给出了 $d_0=3.6$ mm 和 $d_0=4.1$ mm 两种情况在不同给定激励频率下的有效电压。当 $d_0=3.6$ mm 时,平衡位置在 $p=-6$ mm,而当 $d_0=4.1$ mm 时,平衡位置在 $p=3.8$ mm。当激励频率小于 20 Hz 时,由于在弱磁耦合情况下更容易在低频激励下出现双阱跳跃,$d_0=4.1$ mm 情形的表现优于 $d_0=3.6$ mm 的情形。在 $20\sim29$ Hz 的频带上,$d_0=4.1$ mm 和 $d_0=3.6$ mm 都会产生阱间跳跃,$d_0=3.6$ mm 时更宽的势能阱宽度使其产生更多的有效电压。当激励频率 $f=40$ Hz 时,由于谐波共振的原因,$d_0=3.6$ mm 时的有效电压高于 $d_0=4.1$ mm 时所对应的电压。

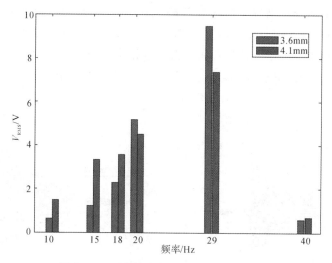

图 2.25　不同给定激励频率下的有效电压

2.3.5　实验验证

为了验证前面数值模拟所得到结果的正确性,我们开展了一系列实验。图 2.26 为实验平台示意图,这个能量采集系统包括受压压电梁,两个固支支座(一个固定,一个可以滑动),一个导轨以及两个永磁铁。几何和材料参数参见表 2-2。压电梁是一个贴有 PZT-5A 材料的钢梁,测得了静态电容是 3.3 nF。实验中,振动台(Modal Shop 2075E)提供谐波激励,加速度传感器(Kistler,8632C50)用于测量加速度。振动控制器通过功率放大器来控制振动的强弱,分别采用示波器(Tektronix 3014)和激光测振仪(Polytec OFV-534)来采集电压和振动响应。

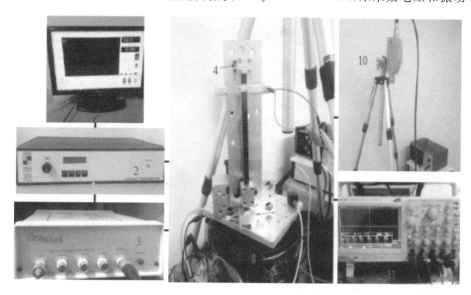

图 2.26　实验平台示意图

1—计算机；　2—控制器；　3—功放；　4—上部支撑；　5—压电梁；　6—线性导轨；

7—磁铁；　8—振动台；　9—传感器；　10—测振仪器；　11—示波器

图 2.27 为 0.5g 加速度情况下串联电阻 $R=1.6$ MΩ 时实验扫频响应。当 $d_0=3.6$ mm 时,向下跳跃的频率出现在 35 Hz 而向上跳跃的频率出现在 24 Hz,因此在 24~35 Hz 的频带上出现多解共存的现象。在正向扫频和逆向扫频过程中,大幅的响应伴随着阱间跳跃的出现而产生,正向和逆向的峰值电压分别为 38 V 和 18 V。当磁间距增大到 $d_0=4.1$ mm 时,多解共存区域移动至 28~39 Hz,在更宽的频带(24.5 Hz)上出现阱间跳跃。因此,实验结果验证了图 2.21 和图 2.22 中的数值模拟结果。

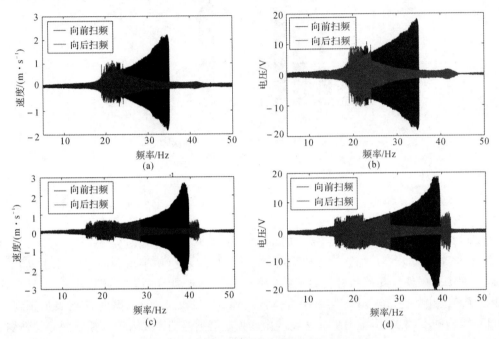

图 2.27 0.5g 加速度时实验测得的扫频响应

(a)(b) $d_0=3.6$ mm; (c)(d) $d_0=4.1$ mm

2.4 结 论

本节使用 Melnikov 方法推导了基础激励和参数激励下发生阱间跳跃的阈值,并进行了实验验证。首先,分别基于牛顿第二定律、基尔霍夫第二定律、Euler-Bernoulli 梁理论和能量法建立了集中参数模型和分布参数模型。通过 Galerkin 方法得到了控制方程并通过数值方法进行求解。使用 Melnikov 方法得到了系统发生同宿分岔的阈值,并且通过数值模拟进行验证,得到了以下结论:

(1)结果表明,系统在参数激励和基础激励下都存在多倍周期和混沌运动。其中大幅单倍周期运动时的输出功率远远大于其他如多倍周期和混沌运动状态的输出功率。

(2)Melnikov 方法关于同宿分岔的理论分析与分岔图和 Lyapunov 指数等数值结果一致。双稳态能量采集系统在激励强度达到临界阈值之后会发生阱间跳跃。

(3)实验结果表明,参数激励下的能量采集系统在磁铁间距 $d_0=4.1$ mm 时取得更宽的有效工作频带。因此,通过理论分析得到的最优参数将有益于产生宽频的阱间振动。

第3章 单自由度集中参数能量采集模型的相干共振

3.1 引　言

梁在轴向载荷的作用下,会产生轴向变形。当轴向载荷小于屈曲载荷时,受压梁只存在一个稳定的平衡位置,此时系统表现为单稳态特性;当轴向载荷大于屈曲载荷时,梁存在两个稳定的平衡位置,此时表现为双稳态特性。关于受压梁模型的简化,最早可以追溯到 Thomson 和 Hunt[124],在他们的专著中提到将一个受压梁模型简化为一个斜弹簧振子模型。该模型由质量块、阻尼器和两个斜支撑弹簧构成。虽然两个斜支撑弹簧是线性的,但是可以通过这种特殊的几何构型为振子提供非线性恢复力。Brennan 等人[125]使用谐波平衡方法分析了系统的动力学行为。Cao 等人[115]推广了这种几何非线性振子,研究了系统的分岔和混沌特性,发现该模型具有光滑和不连续特点,并且将模型命名为 SD 振子。Tian[116,126]对 SD 振子和考虑重力参数下的 SD 振子进行深入的研究,讨论了混沌、余维 2 分岔等非线性动力学行为。

虽然对这种斜支撑弹簧振子模型的非线性动力学行为已经有了广泛的研究,但是关于它在能量采集领域的研究还比较少。McInnes 等人[91]研究了在周期激励和随机激励作用下的斜弹簧振子,发现它可以通过随机共振理论来增加输出的电能。当随机共振发生时,周期激励、随机激励和非线性系统缺一不可。而环境激励,大多是低频宽谱的,很难找到周期形式的激励。研究者发现,当非线性系统只在随机激励的作用下时,也可以将噪声无序的能量集中输出,并将其命名为自适应随机共振,即相干共振[95]。

等效线性化又称统计线性化方法,或随机线性化方法,是工程中应用最广泛的预测非线性系统随机响应的近似解析方法。该方法的基本思想是,用一个具有精确解的线性系统代替原有非线性系统,使两方程解之差在统计意义上最小[127]。在本章,我们首先根据牛顿第二定律和基尔霍夫定律,建立机电耦合控制方程。其次,通过随机线性化方法得到系统发生相干共振的阈值。再次,考虑非线性阻尼因素,讨论阻尼阶数对相干共振临界随机强度的影响。最后,同时考虑压电耦合和电磁耦合两种能量转换原理,建立复合式能量采集装置并对比它和压电能量采集系统的采集效率。

3.2 宽频激励下能量采集模型的相干共振

3.2.1 压电能量采集模型

自然环境中振动能量具有广泛存在和能量密度高等优点,压电能量采集系统利用压电效应将其转化为可供人们使用的电能。图 3.1(a) 为一种双稳态压电能量采集系统,包括压电片和受到轴向压力的屈曲欧拉梁。当轴向载荷的大小达到梁发生屈曲的临界载荷时,受压梁将会呈现两个平衡位置。由于受到横向基础位移激励 $u(t)$ 的作用,压电梁的跨中在两个平衡位置之间不断切换,连续输出电能。因为在受压梁振动过程中,一阶振型所占的比重最大,因此受到轴向载荷的欧拉梁在竖直方向呈现出双稳态特性[128]。为方便开展研究,将双稳态压电能量采集系统简化为单自由度的斜支撑弹簧振子[见图 3.1(b)]。根据牛顿第二定律以及基尔霍夫定律,考虑机电耦合影响的集中参数形式振动控制方程可表示成

$$\left. \begin{aligned} m\ddot{X} + c\dot{X} + 2kX\left(1 - \frac{L}{\sqrt{X^2 + l^2}}\right) + \Theta V &= m\ddot{u} \\ C\dot{V} + \frac{V}{R} - \Theta\dot{X} &= 0 \end{aligned} \right\} \quad (3-1)$$

式中,($\cdot$) 表示对时间的导数;m 表示压电振子的等效质量;c 表示等效线性阻尼系数;k 表示等效线性刚度;X 表示质量块的相对位移;L 表示受压弹簧的原长度;l 表示从质量块质心到支点的水平距离;Θ 表示压电耦合系数;$u(t)$ 表示基础位移激励;C 表示等效电容;V 表示输出电压。

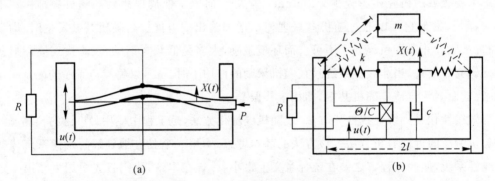

图 3.1 受压压电梁及其简化模型

(a) 双稳态受压梁能量采集系统模型； (b) 等效集中参数数学模型

引进无量纲参数 c_v,令 $X = Lx$,$u = Ly$,$V = c_v v$,$\tau = \sqrt{2k/m}\,t$,对方程式(3-1)进行无量纲化,有

$$\left. \begin{aligned} x'' + 2\xi x' + x\left(1 - \frac{1}{\sqrt{x^2 + \alpha^2}}\right) + \theta v &= y'' \\ \dot{v} + \lambda v - \beta x' &= 0 \end{aligned} \right\} \quad (3-2)$$

式中,$2\xi=c/\sqrt{2km}$;$\alpha=l/L$;$\theta=c_v\Theta/2kL$;$\lambda=\sqrt{\dfrac{m}{2k}}/RC$;$\beta=\Theta l/Cc_v$。$y''$ 表示外部激励,在本章中我们将其假设为宽带平稳 Gauss 白噪声过程 $f(\tau)$。对于等效集中参数模型,当弹簧在受压时 $\alpha<0$,因此将无理项 $\dfrac{1}{\sqrt{x^2+\alpha^2}}$ 在 $x=0$ 处进行 Taylor 级数展开,方程式(3-2)可以进一步表示成

$$x''+2\xi x'+\left(1-\frac{1}{\alpha}\right)x+\frac{x^3}{2\alpha^3}+\theta v=f(\tau)\left.\right\} \qquad (3-3)$$
$$v'+\lambda v-\beta x'=0$$

方程式(3-3)的力学方程中刚度项含有三次非线性项,而电学方程为一个线性微分方程。为了开展线性化,令 $g(x)=\left(1-\dfrac{1}{\alpha}\right)x+\dfrac{x^3}{2\alpha^3}$,因此方程式(3-3)可以重新表示成

$$x''+2\xi x'+g(x)+\theta v=f(\tau)\left.\right\} \qquad (3-4)$$
$$v'+\lambda v-\beta x'=0$$

采用随机线性化方法处理随机微分方程式(3-4)。假设动力系统的随机激励和响应都是非零均值随机过程,即 $f(\tau)=f_0(t)+m_f$,$x(\tau)=x_0(\tau)+m_x$,其中 x_0,$f_0(\tau)$ 表示零均值随机过程,m_f,m_x 分别代表激励和响应的统计均值。因此,可以将方程式(3-4)中的力学方程表示成

$$x''_0+2\xi x'_0+a_0x_0+b_0+\theta v=f_0(\tau)+m_f \qquad (3-5)$$

式中,a_0,b_0 为待定常数。令 $b_0=m_f$,a_0 相当于对应无量纲线性化系统的固有频率的平方。为了使线性化后的系统保持非线性系统的基本特性并求得待定常数,需要将非线性系统与线性化系统误差的二次矩的期望($E[\varepsilon^2]$,其中 $\varepsilon=g(x)-a_0x_0-b_0$)设定为最小值。因此只需将误差的二次矩期望对 a_0,b_0 分别求偏导数,并且令得到的结果等于 0,即

$$\frac{\partial}{\partial a_0}E[\varepsilon^2]=E[g(x)x_0]-a_0E[x_0^2]-b_0E[x_0]=0 \qquad (3-6)$$

$$\frac{\partial}{\partial b_0}E[\varepsilon^2]=E[g(x)]-a_0E[x_0]-b_0=0 \qquad (3-7)$$

求解式(3-6)式(3-7)得到

$$a_0=\frac{E[g(x)x_0]}{E[x_0^2]}=\frac{E[g(x)x_0]}{\sigma_x^2}, \quad b_0=E[g(x)]=m_f \qquad (3-8)$$

如果 $x(\tau)$ 是一个零均值的 Gauss 随机过程,式(3-6)可以简化为[86]

$$a_0=E\left[\frac{\mathrm{d}}{\mathrm{d}x}g(x)\right]=\left(1-\frac{1}{\alpha}\right)+\frac{3}{2\alpha^3}(\sigma_x^2+m_x^2) \qquad (3-9)$$

由此得到

$$a_0+\left(\frac{1}{\alpha}-1\right)-\frac{3}{2\alpha^3}(\sigma_x^2+m_x^2)=0 \qquad (3-10)$$

$$m_f=E[g(x)]=\left(1-\frac{1}{\alpha}\right)E[x]+\frac{1}{2\alpha^3}E[x^3] \qquad (3-11)$$

m 表示为非零均值的 Gauss 过程 $x(\tau)$ 的均值,x_0 为它的零均值部分,因此可以得到

$$E[x_0^3]=E[(x-m_x)^3]=E[x^3]-3m_x\sigma_x^2-m_x^3 \qquad (3-12)$$

因为 $E[x_0^3]=0$,根据方程式(3-12)中的关系表达式,可以推导出

$$E[x^3] = 3m_x\sigma_x^2 + m_x^3 \tag{3-13}$$

把式(3-13)代入式(3-11)中,可得

$$m_x\left[\frac{3\sigma_x^2 + m_x^2}{2\alpha^3} + \left(1 - \frac{1}{\alpha}\right)\right] - m_f = 0 \tag{3-14}$$

式中,m_x 和 σ_x 分别为随机动力系统的位移均值与位移标准差。

随机线性化的过程就是根据式(3-8)和式(3-10)求解这些未知量 a_0, m_x, σ_x。重新表示式(3-4),可得

$$\left. \begin{array}{l} x''_0 + 2\xi x' + a_0 x_0 + \theta v = f_0(\tau) \\ v'_0 + \lambda v_0 - \beta x'_0 = 0 \end{array} \right\} \tag{3-15}$$

对式(3-15)进行傅里叶变换,有

$$\begin{bmatrix} (a_0 - \Omega^2) + 2\xi\Omega i & \theta \\ -\beta\Omega i & \lambda + \Omega i \end{bmatrix} \begin{bmatrix} X(\Omega) \\ V(\Omega) \end{bmatrix} = \begin{bmatrix} f_0(\Omega) \\ 0 \end{bmatrix} \tag{3-16}$$

进一步可以表示为

$$\begin{bmatrix} X(\Omega) \\ V(\Omega) \end{bmatrix} = \frac{1}{\Delta} \begin{bmatrix} \lambda + \Omega i & -\theta \\ \beta\Omega i & (a_0 - \Omega^2) + 2\xi\Omega i \end{bmatrix} \begin{bmatrix} f_0(\Omega) \\ 0 \end{bmatrix} = H(\Omega) \begin{bmatrix} f_0 \\ 0 \end{bmatrix} \tag{3-17}$$

其中,$\Delta(i\Omega) = (i\Omega)^3 + (2\xi + \lambda)(i\Omega)^2 + (2\xi\lambda + a_0 + \theta\beta)(i\Omega) + a_0\lambda$。

3.2.2 平稳随机振动

假设外部激励 $f_0(\tau)$ 是零均值弱平稳的 Gauss 白噪声过程。通过对方程式(3-15)进行数值求解,可以获得随机响应的统计动力学特性。出于对系统[式(3-15)]响应期望的兴趣,下面使用随机振动理论对其进行定性分析。

由于前面假设 $f_0(\tau)$ 为弱平稳随机过程,它的自相关函数可以表示成依赖于时间差的函数:

$$E[f_0(\tau_1)f_0(\tau_2)] = R_{f_0 f_0}(\tau_1 - \tau_2) \tag{3-18}$$

自相关函数可以写成谱密度 $\Phi_{f_0 f_0}$ 的逆傅里叶变换的形式:

$$R_{f_0 f_0}(\tau_1 - \tau_2) = \int_{-\infty}^{+\infty} \Phi_{f_0 f_0}(\Omega)\exp[i\Omega(\tau_1 - \tau_2)]\mathrm{d}\Omega \tag{3-19}$$

对于如式(3-17)形式的线性方程,响应的谱密度可借助于激励的谱密度表示成

$$\Phi_{x_0 x_0}(\tau_1 - \tau_2) = |H_{11}(\Omega)|^2 \Phi_{f_0 f_0}(\Omega) \tag{3-20}$$

其中,$H_{11}(\Omega)$ 是 $|H(\Omega)|$ 矩阵的第一行与第一列元素,因此响应的标准差可进一步表示成

$$\sigma_x^2 = \int_{-\infty}^{+\infty} H_{11}(\Omega)^2 \Phi_{f_0 f_0}(\Omega)\mathrm{d}\Omega \tag{3-21}$$

其中,因为 $f_0(t)$ 为弱平稳 Gauss 白噪声过程,$\Phi_{f_0 f_0}$ 可以表示为常数。

结合式(3-17)和式(3-21),有

$$\sigma_x^2 = \Phi_{f_0 f_0} \int_{-\infty}^{+\infty} \frac{\lambda^2 + \Omega^2}{\Delta(\Omega)\Delta^*(\Omega)}\mathrm{d}\Omega \tag{3-22}$$

为了计算式(3-22)右边形式的积分,需要先讨论下列积分:

$$I_n = \int_{-\infty}^{+\infty} \frac{\varXi(\varOmega)}{\varLambda(\varOmega)\varLambda^*(\varOmega)} \mathrm{d}\varOmega \tag{3-23}$$

其中，$\varXi(\varOmega)$，$\varLambda(\varOmega)$ 可以写成正交多项式的形式：

$$\varXi(\varOmega) = p_{n-1}\varOmega^{2n-2} + p_{n-2}\varOmega^{2n-4} + \cdots + p_0$$

$$\varLambda(\varOmega) = q_n(i\varOmega)^n + q_{n-1}(i\varOmega)^{n-1} + \cdots + q_0$$

这个积分可以通过文献[86,127]中介绍的方法计算为

$$I_n = \frac{\pi}{q_n} \frac{\det(\boldsymbol{N}_n)}{\det(\boldsymbol{D}_n)} \tag{3-24}$$

其中

$$\boldsymbol{N}_n = \begin{bmatrix} p_{n-1} & p_{n-2} & p_{n-3} & p_{n-4} & \cdots & p_1 & p_0 \\ -q_n & q_{n-2} & -q_{n-4} & q_{n-6} & \cdots & 0 & 0 \\ 0 & -q_{n-1} & q_{n-3} & -q_{n-5} & \cdots & 0 & 0 \\ 0 & q_n & -q_{n-2} & q_{n-4} & \cdots & 0 & 0 \\ \vdots & \vdots & \vdots & \vdots & \ddots & \vdots & \vdots \\ 0 & 0 & 0 & 0 & \cdots & -q_2 & q_0 \end{bmatrix}_{n\times n}$$

$$\boldsymbol{D}_n = \begin{bmatrix} q_{n-1} & -q_{n-3} & q_{n-5} & -q_{n-7} & \cdots & 0 & 0 \\ -q_n & q_{n-2} & -q_{n-4} & q_{n-6} & \cdots & 0 & 0 \\ 0 & -q_{n-1} & q_{n-3} & -q_{n-5} & \cdots & 0 & 0 \\ 0 & q_n & -q_{n-2} & q_{n-4} & \cdots & 0 & 0 \\ \vdots & \vdots & \vdots & \vdots & \cdots & \vdots & \vdots \\ 0 & 0 & 0 & 0 & \cdots & -q_2 & q_0 \end{bmatrix}_{n\times n}$$

将式(3-17)、式(3-20)和式(3-23)的广义积分形式进行对比，可以得到

$$\begin{cases} n = 3 \\ p_2 = 0, \quad p_1 = 1, \quad p_0 = \lambda^2 \\ q_3 = 1, \quad q_2 = (2\xi + \lambda), \quad q_1 = (2\lambda\xi + a_0 + \theta\beta), \quad q_0 = a_0\lambda \end{cases}$$

式(3-24)积分形式可以写成

$$I_n = \frac{\pi[a_0 + (2\xi + \lambda)\lambda]}{a_0[(2\xi + \lambda)(a_0 + \theta\beta + 2\lambda\xi) - a_0\lambda]} \tag{3-25}$$

由式(3-22)和式(3-25)可以得到

$$\sigma_x^2 a_0[(2\xi + \lambda)(a_0 + \theta\beta + 2\lambda\xi) - a_0\lambda] - \varPhi_{f_0 f_0}\pi[a_0 + (2\xi + \lambda)\lambda] = 0 \tag{3-26}$$

因此可以通过以下方程求得 a_0，σ_x 和 m_x：

$$\left.\begin{aligned} & a_0 + \left(\frac{1}{\alpha} - 1\right) - \frac{3}{2\alpha^3}(\sigma_x^2 + m_x^2) = 0 \\ & m_x\left[\frac{3\sigma_x^2 + m_x^2}{2\alpha^3} + \left(1 - \frac{1}{\alpha}\right)\right] - m_f = 0 \\ & \sigma_x^2 a_0[(2\xi + \lambda)(a_0 + \kappa^2\beta + 2\lambda\xi) - a_0\lambda] - \varPhi_{f_0 f_0}\pi[a_0 + (2\xi + \lambda)\lambda] = 0 \end{aligned}\right\} \tag{3-27}$$

为了不失一般性，将外部激励假设成零均值的 Gauss 白噪声过程，即 $m_f = 0$，这样就极大地简化了 m_x 和 σ_x 之间的关系。式(3-14)可表示成

$$m_x \left[\frac{3\sigma_x^2 + m_x^2}{2\alpha^3} + \left(1 - \frac{1}{\alpha}\right) \right] = 0 \tag{3-28}$$

由此可以得到

$$m_x = 0 \quad 或 \quad m_x = \sqrt{2\alpha^2(\alpha-1) - 3\sigma_x^2}$$

把 $m_x = 0$ 代入式(3-10)中,可以得到

$$3\sigma_x^2 = 2\alpha^2(1 - \alpha + a_0\alpha) \tag{3-29}$$

将 $m_x = \sqrt{2\alpha^2(\alpha-1) - 3\sigma_x^2}$ 代入方程式(3-10)中,可以得到

$$3\sigma_x^2 = \alpha^2[2 - (2 + a_0)\alpha] \tag{3-30}$$

将式(3-29)和式(3-30)代入式(3-26)中,可以得到以下两个多项式方程:

$$\frac{2\alpha^2(1 - \alpha + a_0\alpha)}{3} a_0 \left[(2\xi + \lambda)(a_0 + \kappa^2\beta + 2\xi) - a_0\lambda \right] -$$
$$\Phi_{f_0 f_0} \pi [a_0 + (2\xi + \lambda)\lambda] = 0 \tag{3-31a}$$

$$\frac{\alpha^2[2 - (2 + a_0)]\alpha}{3} a_0 \left[(2\xi + \lambda)(a_0 + \kappa^2\beta + 2\xi) - a_0\lambda \right] -$$
$$\Phi_{f_0 f_0} \pi [a_0 + (2\xi + \lambda)\lambda] = 0 \tag{3-31b}$$

能量采集系统输出电压的谱密度和与激励谱密度的关系可以写成

$$\Phi_{vv}(\Omega) = |H_{21}(\Omega)|^2 \Phi_{f_0 f_0}(\Omega) \tag{3-32}$$

其中,$H_{21}(\Omega)$ 为 $|\boldsymbol{H}(\Omega)|$ 矩阵的第 2 行第 1 列元素。

$$E[v^2] = \int_{-\infty}^{+\infty} |H_{21}(\Omega)|^2 \Phi_{f_0 f_0}(\Omega) \mathrm{d}\Omega \tag{3-33}$$

综合式(3-15)、式(3-20)和式(3-32)可得

$$E[v^2] = \Phi_{f_0 f_0} \int_{-\infty}^{+\infty} \frac{\Omega^2}{\Delta(\Omega)\Delta^*(\Omega)} \mathrm{d}\Omega \tag{3-34}$$

类似于前面式(3-22)的求解过程,可以得到

$$E[v^2] = \frac{\pi \Phi_{f_0 f_0}}{(2\xi + \lambda)(a_0 + \theta\beta + 2\xi) - a_0\lambda} \tag{3-35}$$

3.2.3 数值模拟

目前,使用解析方法求解方程式(3-31)非常困难,因此有必要采用一些数值方法求解。系统参数设定为 $\alpha = 2/3, \xi = 0.03, \theta = 0.1, \beta = 1$,激励 $f(\tau)$ 假定为稳态的 Gauss 白噪声过程,λ 分别取为 0.01 和 0.05。根据随机振动理论可知,Gauss 白噪声激励的谱密度以及标准差 σ_f 都为常数[129]。设定随机激励的标准差 σ_f 的范围为(0 ~ 0.003 1),相应的 σ_f 通过数值求解在图 3.2 中表示出来。结果表明,方程式(3-31b)有 2 个正实数根,表示为解 1 和解 2,方程式(3-31a)只有 1 个正实数根,表示为解 3。

图 3.2(a)(b)给出了 λ 分别取 0.01 和 0.05 时,噪声标准差 σ_f 和参数 a_0 之间的关系。根据势能函数可知,压电能量采集系统[式(3-3)]有三个平衡位置,其中,$x = 0$ 为不稳定的,而 $x = \pm\frac{2\sqrt{2}}{3\sqrt{3}}$ 为稳定的。解 1 表示系统的稳定平衡点 $x = \pm\frac{2\sqrt{2}}{3\sqrt{3}}$,虚线表示系统的不稳定平衡位

置。当 λ 设定为 $0.01,0.05$ 时,随机激励的标准差在分别达到 $\sigma_f = 1.3 \times 10^{-4}$ 和 $\sigma_f = 1.8 \times 10^{-4}$ 后,方程式(3-31)将会同时存在三个正实根。这说明随机激励达到发生阱间跳跃的临界值,系统实现从小幅单阱运动突变为大幅双阱运动。

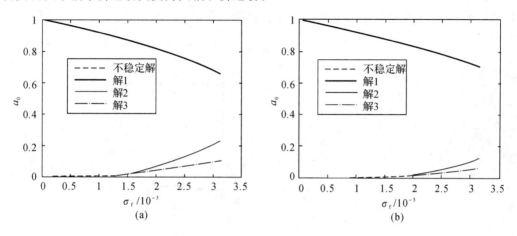

图 3.2　噪声标准差对固有频率 a_0 的影响

(a)$\lambda = 0.01$;　(b)$\lambda = 0.05$

图 3.3 给出了根据式(3-35)所描述的噪声标准差 σ_f 和输出电压方差 $E[v^2]$ 的关系。从图 3.3(a)中可以看出,输出电压在 $\lambda = 0.01$ 时随着噪声标准差的增大而增大,并且呈现出跳跃现象。当激励强度较小时,输出电压较低;而当噪声激励超过发生阱间跳跃临界激励强度值时,输出电压急剧增大。这种突然的跳跃现象可以解释为非线性系统在宽频随机激励下发生相干共振。图 3.3(b)表明,当 $\lambda = 0.05$ 时,需要增大激励的强度才会发生相干共振现象。

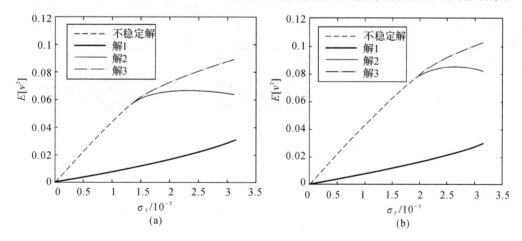

图 3.3　噪声标准差对输出电压方差的影响

(a)$\lambda = 0.01$;　(b)$\lambda = 0.05$

下面使用 Monte-Carlo 方法对系统[式(3-3)]进行数值求解来获得系统响应随噪声标准差的变化规律。图 3.4(a)给出了 $\lambda = 0.01$ 和 $\lambda = 0.05$ 时响应和激励的标准差比(或信噪比),可以看到曲线分别在 $\sigma_f = 1.3 \times 10^{-4}$ 和 $\sigma_f = 1.8 \times 10^{-4}$ 处出现一个尖点,这与所描述的发生相干共振的临界激励强度值相符合。图 3.4(b)为当噪声标准差增加时,输出电压的方差变化规律。当噪声标准差低于相干共振所需要的临界激励强度时,电压输出保持在较低的水准,在实现相干共振之后电压输出相对较高。因此,综合图 3.4(a)(b)可以看出,λ 显著影响着响应的统计学特性,当 λ 逐渐增大时,响应的统计量会逐渐减小。

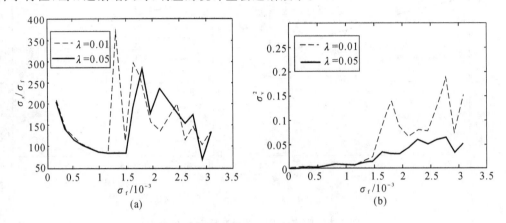

图 3.4 系统响应随噪声标准差变化

(a)响应标准差／噪声标准差; (b)输出电压方差

图 3.5 是 $\lambda=0.01$ 时在不同的随机激励标准差下系统的相平面轨迹图。可以看出,随着激励标准差 σ_f 增大,位移响应幅度显著地增大。当激励标准差较小即 $\sigma_f=5\times10^{-4}$ 时,双稳态系统围绕其中一个稳定平衡点做小幅单阱运动[见图 3.5(a)];当激励标准差达到 $\sigma_f=1.3\times10^{-3}$ 时,系统获得足够的动能跨过势能垒[见图 3.5(b)]。这样,系统摆脱势能阱的束缚从小幅单阱振动演化为大幅度双阱振动,表现为相干共振。进一步增大激励的强度,系统将继续获取能量并保持大幅的双阱振动[见图 3.5(c)]。

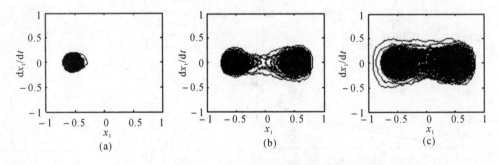

图 3.5 $\lambda=0.01$ 时不同噪声标准差下系统的相平面图

(a)$\sigma_f=5\times10^{-4}$; (b)$\sigma_f=1.3\times10^{-3}$; (c)$\sigma_f=2.5\times10^{-3}$

应当注意的是,随机线性化方法在系统的平衡点附近具有良好的逼近效果,因此这种方法适用于随机激励标准差较小的情形。当随机激励的标准差较大时,系统的响应将会远离平衡点,随机线性化方法将会失效。为了研究随机激励作用下能量采集系统的全局特性,还应该进一步求解相应的 FPK 方程。

3.3　分数阶能量采集系统

当前对于压电能量采集系统的非线性动力学研究,阻尼一般采用线性或非线性形式。事实上,对于在长时间力下的压电材料,需要考虑疲劳和黏弹性的影响,因为此时压电效应的衰减遵循分数次幂特性。一些研究表明,使用分数阶微积分刻画这种本构关系更为准确[130]。分数阶微积分已经有 300 多年的发展历史,在非线性动力学方面取得了很多卓越的成果[131-134]。Cao 等人[131]通过分岔图、相平面图以及 Poincaré 映射图研究了带有分数阶导数的能量采集系统的非线性动力学行为,结果表明当阻尼阶数由 0.2 增大到 1.5 时,系统发生倍化周期分岔和混沌运动。Shen 等人[132-133]使用平均法研究了带有分数阶导数的 Duffing 系统的主共振现象,结果表明分数阶阶导数可以起到等效刚度以及等效阻尼的作用。Litak 等人[134]分析了带有分数阶阻尼的 Duffing 系统的随机相干共振,发现引起相干共振的临界随机激励强度会随着阻尼阶数的增大而增大。

本节通过引进分数阶导数来刻画压电材料阻尼的分数次幂记忆特性,较为全面地描述能量采集系统的阻尼全局特性。首先建立考虑分数阶阻尼的压电能量采集系统的集中参数模型。然后使用 Kramers 率和 Euler - Maruyama - Leipnik 等方法分析几何非线性参数 α 和阻尼阶数 q 对响应的影响。最后证明考虑分数阶阻尼的压电能量采集系统存在相干共振。

3.3.1　模型描述

在考虑欧拉-伯努利梁单模态近似假设时,轴向受压的屈曲梁双稳态压电能量采集系统[见图 3.1(a)]简化为一对受压的斜支撑弹簧模型[见图 3.1(b)]。Cao 等人[115]与 Tian 等人[116,126]研究了不考虑压电效应的斜支撑弹簧振子,重点分析了这种非线性振子的混沌、余维 2 分岔等动力学特性。首先,根据牛顿定律以及基尔霍夫定律,压电能量采集系统的集中参数模型可以表示为

$$
\left.
\begin{aligned}
&m\ddot{X} + f_{\mathrm{d}}(X) + 2kX\left(1 - \frac{L}{\sqrt{X^2 + l^2}}\right) + \Theta V = m\ddot{u} \\
&C\dot{V} + \frac{V}{R} - \Theta\dot{X} = 0
\end{aligned}
\right\}
\tag{3-36}
$$

式中,$(\cdot)$ 表示对时间的导数;m 表示压电振子的等效质量;X 表示等效质量的相对位移;k 表示等效刚度;$f_{\mathrm{d}}(X)$ 表示等效的阻尼力;L 表示受压弹簧的原长;l 表示等效质量质心到水平支点的距离;u 表示横向位移激励;Θ 表示机电耦合系数;C 表示等效电容;V 表示压电片所产生的电压;R 表示连接电路中的等效电阻。

已经证明,压电效应会在长时间的应力作用下因为疲劳而呈现随时间变化的分数次幂衰减规律。一些研究表明,相对整数阶导数,分数阶导数在刻画压电材料长时间的记忆特性和迟滞特性方面更具一定优势[135-136]。压电材料为能量采集系统中的重要组成部分。为了准确地刻画其长时间的动力学行为,可将耦合方程式(3-36)中阻尼力表示为 $f_{\mathrm{d}}(X) = c\mathrm{D}^q X$,其中 c 为线性阻尼系数。

有关分数阶导数的定义很多,其中最为常见的有 Caputo 定义、Riemann-Liouvile 定义和 Grunwald - Letnikov 定义,通常情况下这些定义相互等价[137]。在本节的数值计算过程中,我们将 $D^q X$ 表示成 Grunwald - Letnikov 分数阶导数,即

$$D^q X = \frac{\mathrm{d}^q X}{\mathrm{d}t} = \lim_{\Delta t \to 0} \left\{ \frac{1}{(\Delta t)^q} \sum_{j=0}^{\left[\frac{t-a}{\Delta t}\right]} (-1)^j \begin{bmatrix} q \\ j \end{bmatrix} X(t - \Delta t) \right\} \qquad (3-37)$$

在方程式(3-37)中,$\left[\dfrac{t-a}{\Delta t}\right]$ 表示取整函数,其中 Δt 表示积分步长,a 为任意小于 t 的时间常数。应当注意的是,当 $a=0$ 时,分数阶导数表示对整个积分时间段的记忆特性。$\begin{bmatrix} q \\ j \end{bmatrix}$ 为二项式系数,可以表示成

$$\begin{bmatrix} q \\ j \end{bmatrix} = \frac{q(q+1)(q+2)\cdots(q+j-1)}{j!} = \frac{\Gamma(q+1)}{\Gamma(j+1)\Gamma(q+j-1)} \qquad (3-38)$$

带有分数阶阻尼的压电能量采集系统方程可表示成

$$
\begin{aligned}
m\ddot{X} + cD^q X + 2kX\left(1 - \frac{L}{\sqrt{X^2 + l^2}}\right) + \Theta V &= m\ddot{u} \\
C\dot{V} + \frac{V}{R} - \Theta D^q X &= 0
\end{aligned}
\right\} \qquad (3-39)
$$

引进参数 c_v,令 $X = Lx$,$u = Ly$,$V = c_v v$,$\tau = \sqrt{\dfrac{2k}{m}}t$,对式(3-39)进行无量纲化,有

$$
\begin{aligned}
x'' + 2\xi D^q x + x\left(1 - \frac{1}{\sqrt{x^2 + \alpha^2}}\right) + \theta v &= y'' \\
v' + \eta v - \beta D^q x' &= 0
\end{aligned}
\right\} \qquad (3-40)
$$

式中,$2\xi = c/2k$;$\alpha = l/L$;$\theta = c_v m\Theta/2k$;$\eta = \sqrt{\dfrac{m}{2k}}/RC$;$\beta = \sqrt{\dfrac{m}{2k}}\Theta L/Cc_v$;$y''$ 表示随机加速度激励。假设为零均值宽带平稳 Gauss 白噪声过程 $f(\tau)$[129],并满足以下条件:

$$
\begin{aligned}
\langle f(\tau) \rangle &= 0 \\
\langle f(\tau) f(\tau + \Delta\tau) \rangle &= 2D\delta(\Delta\tau)
\end{aligned}
\right\} \qquad (3-41)
$$

式中,D 为 Gauss 白噪声的随机强度;δ 为单位脉冲函数;$\Delta\tau$ 是时间差。

3.3.2　数值模拟

方程式(3-40)中的恢复力是一个无理项函数,可表示成 $F(x) = -x\left(1 - \dfrac{1}{\sqrt{x^2 + \alpha^2}}\right)$,势能函数可表示成 $U(x) = \dfrac{x^2}{2} - \sqrt{x^2 + \alpha^2} + \alpha$。如图 3.6 所示,当 $\alpha=0$ 时,系统中的恢复力是非光滑的,势能函数出现两个标准的势能阱以及一个非光滑的势能垒,存在两个稳定平衡点以及一个不稳定平衡点;当 $0 < \alpha < 1$ 时,恢复力是光滑的,势能函数具有两个标准的势能阱和势能垒,具有两个稳定平衡点和一个不稳定平衡点;而当 $\alpha \geqslant 1$ 时,系统恢复力是光滑的,势能函数具有一个标准的势阱,存在一个稳定的平衡点,所以复合式能量采集在 $\alpha=1$ 处发生亚临界叉形分岔。从图 3.6(b) 中可以看出,随着非线性参数 α 的逐渐增大,势能垒高度 ΔU 逐渐减小,

意味着系统需要较小的激励能量就能发生穿越势能垒的大幅运动。

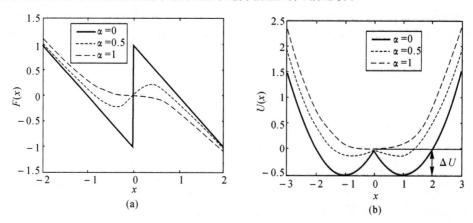

图 3.6　静力学特性

（a）恢复力函数；　（b）势能函数

在双稳态系统中,随机激励引起势阱之间的转迁速率可以由 Kramers 逃逸率求出[92]:

$$\gamma_k = \frac{\omega_s \omega_u}{4\pi\xi} \exp\left(-\frac{\Delta U}{D}\right) \qquad (3-42)$$

式中,$\omega_s = \sqrt{U''(x_s)}$,$\omega_u = \sqrt{U''(x_u)}$ 分别表示稳定平衡点和不稳定平衡点处的振动角频率,因此双稳态能量采集系统的 Kramers 逃逸率可以表示成

$$\gamma_k = \sqrt{\frac{(1-\alpha^2)\left(\frac{1}{\alpha}-1\right)}{4\pi\xi}} \exp\left[-\frac{(\alpha-1)^2}{2D}\right] \qquad (3-43)$$

图 3.7 为 $\xi=0.15$,α 不同,噪声强度 D 的 Kramers 逃逸率曲线。其中,在 $0 \leqslant \alpha < 1$ 范围内当 α 逐渐增大时,Kramers 逃逸率也显著增加,使得能量采集系统停留单个势阱中的驻留时间减少。因此可以增大参数 α 来增加系统势阱之间穿越的速率,从而通过相干共振提高能量采集效率。

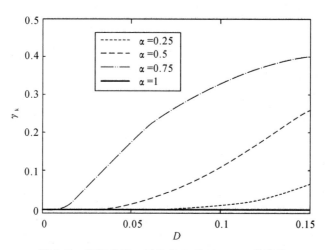

图 3.7　不同参数 a 时关于 D 的 Kramers 逃逸率

Euler-Maruyam 方法是随机微分方程进行数值求解的常用算法,由于通常含有分数阶导数的微分方程可以使用 Euler-Leipnik 数值算法[137]进行求解,因此通过 Grunwald-Letnikov 展开,本节中分数阶随机微分方程求解可以使用 Euler-Maruyama-Leipnik 方法。具体算法如下:

$$\left.\begin{aligned} x_n &= x_{n-1} + y_{n-1}\Delta\tau \\ z_n &= (\Delta\tau)^{-q}\left(x_n - \sum_{j=0}^{n} c_j^{(q)} x_{n-j-1}\right) \\ y_n &= y_{n-1} - [F(x_{n-1}) + 2\xi z_{n-1} + \theta v_{n-1}]\Delta\tau + \sqrt{2D}f_n\sqrt{(\Delta\tau)} \\ v_n &= v_{n-1} + (\beta z_{n-1} - \eta v_{n-1})\Delta\tau \end{aligned}\right\} \tag{3-44}$$

式中,x_n,y_n,v_n 分别为经过积分步长 $\Delta\tau$ 离散的位移、速度和电压;z_n 表示分数阶阻尼;f_n 为正态分布的随机数列;$c_j^{(q)}$ 表示二项式系数并满足以下关系:

$$c_0^{(q)} = 0, \quad c_j^{(q)} = \left(1 + \frac{1+q}{j}\right)c_{j-1}^{(q)} \tag{3-45}$$

系统[式(3-40)]在分数阶阻尼和随机位移激励共同作用下,总能量维持在一个特定的水平。当输入能量值大于势能垒高度差 ΔU 时,双稳态系统将摆脱势能阱的束缚呈现出阱间跳跃。因此增加 Gauss 白噪声随机激励强度,摄入的能量使系统越过势能垒产生大幅位移响应。

在图 3.8 中,结构参数选取 $\xi = 0.15, \theta = 0.5, \beta = 0.5, \eta = 0.01$,阻尼的阶数 q 分别设定为 0.2,0.4 和 0.6,使用 Euler-Maruyama-Leipnik 方法计算 10 组 Gauss 白噪声随机激励下的响应再进行统计平均。在计算过程中,将噪声强度 D 的取值范围设定为 0.0~0.01,积分步长选取 $\Delta\tau = 0.005$。图 3.8(a)(c) 中的曲线分别表示为 α 选取 0.25 和 0.75 时的信噪比(SNR,SNR $= \sigma_x/\sigma_f$[79,134],σ_x,σ_f 分别表示响应和激励的标准差[79,134]),其中这些曲线峰值所对应的激励值就是能够引起相干共振的临界噪声强度。可以从图 3.8(a)(c) 中看出随着阻尼阶数 q 增大,引起相干共振的临界噪声强度变大,并且信噪比的峰值呈现降低趋势。比较图 3.8(a)(c) 中曲线,可以看出随着非线性参数 α 的增大,Kramers 逃逸率逐渐增大,使得相干共振的临界噪声强度逐渐减小。图 3.8(b)(d) 分别为 α 选取 0.25 和 0.75 时噪声强度的输出有效电压的变化趋势。当选取阻尼的阶数较低时,因为可以在较小的随机强度下实现相干共振,这时电压输出功率保持较高水平。然而随着阻尼的阶数增加,系统阻尼耗散的能量增加,需要较大的激励强度才能实现相干共振,使得输出电压以及功率都明显降低。

图 3.9 为当 $\alpha = 0.75$ 时,阻尼阶数 q 分别取 0.2,0.4 和 0.6 情况下的随噪声强度变化的位移响应均值 $|\langle x \rangle|$。其中,$|\langle x \rangle| \approx 0$ 表示系统可以实现穿越势能垒并完成大幅的双阱运动,而 $|\langle x \rangle| \approx \sqrt{\frac{7}{16}}$ 表示系统达到稳态时只围绕其中一个平衡点做单阱小幅运动。从图 3.9 中可以看出,随着阻尼阶数的增大,系统实现大幅双阱运动所需要的噪声强度也同步增大。

当双稳态能量采集系统实现相干共振时,大幅穿越势能阱的位移响应被表述为相干跳跃。从图 3.10(a) 可以看出,引起相干跳跃的临界噪声强度和阻尼阶数密切相关,随着噪声强度增加,系统在不同阻尼阶数的相干跳跃数目也增大。然而当达到一定的噪声强度时,相干跳跃数目会随着阻尼阶数的增大而减小。图 3.10(b) 是通过最小二乘法(Least Square Method)进行拟合得到的实现相干跳跃的临界噪声强度和阻尼阶数的函数曲线,具体函数关系式可表

示成

$$D(q) = -0.003\ 9q^2 + 0.005\ 7q - 0.000\ 195\ 15 \qquad (3-46)$$

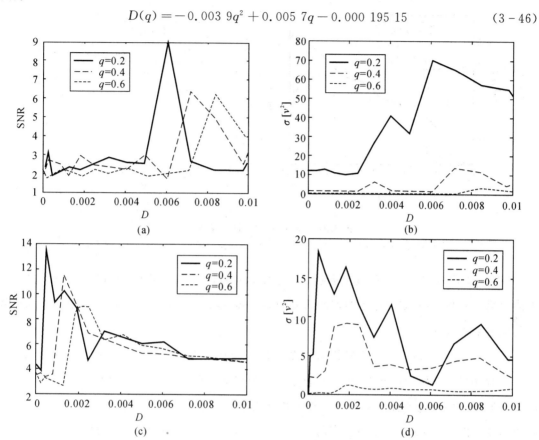

图 3.8　系统响应随噪声强度 D 变化

（a）$\alpha = 0.25$ 时信噪比；　（b）$\alpha = 0.25$ 时输出电压方差；　（c）$\alpha = 0.75$ 时信噪比；　（d）$\alpha = 0.75$ 时输出电压方差

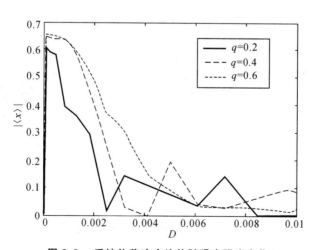

图 3.9　系统位移响应均值随噪声强度变化

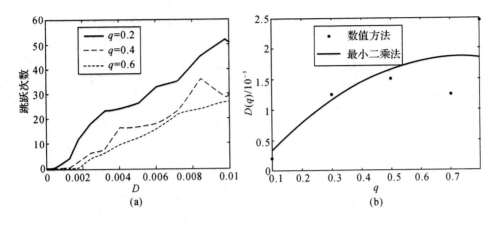

图 3.10　随机激励下动力学响应

(a) 跳跃数目和噪声强度之间的关系；　(b) 相干跳跃的临界值和阻尼阶数之间关系

可见,阻尼阶数在很大程度上影响了相干跳跃数目以及实现相干共振临界激励强度。分数阶阻尼的阶数越小,实现相干共振所需要的激励强度就越小,在同等激励强度下将会获得较高的能量采集效率。

图 3.11(a)～(f)是系统在随机激励强度 $D=0.0013$ 时的位移时间历程图和相平面图。在随机激励强度较低的情况下,可以在较小的阻尼阶数(如 $q=0.2$)时实现相干跳跃现象,而随着阻尼阶数增大($q=0.4,q=0.6$),相干跳跃现象将会消失,系统演变为围绕一个平衡点的单阱运动。图 3.11(g)(h)是系统在随机激励强度 $D=0.01$ 时的位移时间历程图和相平面图。当激励强度增大到一定程度时,尽管分数阶阻尼阶数很大,激励输入的能量可以维持系统频繁的大幅阱间振动。

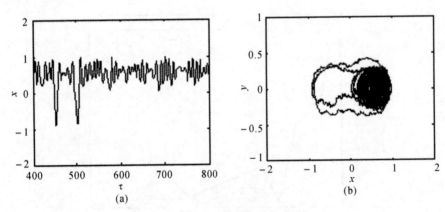

图 3.11　非线性动力学时域响应

(a)$D=0.0013,q=0.2$ 时间历程图；　(b)$D=0.0013,q=0.2$ 相平面图

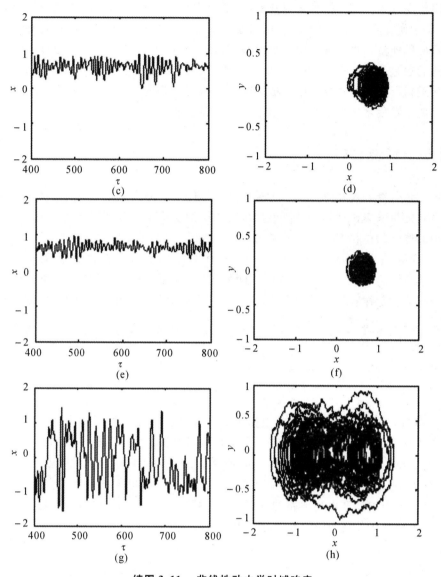

续图 3.11　非线性动力学时域响应

(c)$D = 0.001\ 3, q = 0.4$ 时间历程图；　(d)$D = 0.001\ 3, q = 0.4$ 相平面图；

(e)$D = 0.001\ 3, q = 0.6$ 时间历程图；　(f)$D = 0.001\ 3, q = 0.6$ 相平面图；

(g)$D = 0.01, q = 0.6$ 时间历程图；　(h)$D = 0.01, q = 0.6$ 相平面图

3.4　复合式能量采集系统

目前，振动能量转化为电能的机制主要为三种方式，即静电式、电磁式以及压电式。三者之中，压电式具有结构简单、无电磁干扰、易与其他装备［如微机电系统（MEMS）］进行整合的特点，而电磁式具有体积小、感测频率高的优势[138-139]。当前综合以上两种能量采集机理进行

的研究还比较少。为了提高能量采集效率,本节提出综合了压电和电磁效应的复合式能量采集系统,并着重研究其在确定性激励和随机激励下的动力学行为。首先建立同时考虑压电效应和电磁效应的能量采集装置集中参数模型,根据平衡位置的稳定性理论分析动力系统的静态分岔。然后通过 Rouge - Kutta,Euler - Maruyama 等数值方法给出不同能量采集机理在确定性激励和随机激励下的系统响应。最后针对原始模型开展实验验证,证明相干共振现象存在于复合式能量采集系统当中并可应用于宽频激励下的能量采集。

3.4.1   模型描述

复合式能量采集装置如图 3.12(a) 所示,由压电片、轴向受载的欧拉梁、永磁铁以及线圈构成。压电式能量采集机理是通过压电片从受压梁的变形中采集能量产生电压,而电磁式则通过梁跨中的磁铁的位移产生变化的磁场,从而在线圈中产生电流来采集能量。轴向受压的屈曲梁在一阶振动模态近似的情况下,简化为一对受压的斜支撑弹簧振子模型〔见图 3.12(b)〕。建立动力学模型需要考虑三方面的因素,即压电梁的力学特性、压电耦合以及电磁耦合。根据牛顿定律和基尔霍夫定律,复合式能量采集系统的集中参数模型的控制方程为

$$
\left.
\begin{aligned}
& m\ddot{X} + c\dot{X} + 2kX\left(1 - \frac{L_0}{\sqrt{X^2 + l^2}}\right) + \Theta_1 V - \Theta_2 I = m\ddot{u} \\
& C\dot{V} + \frac{V}{R_1} - \Theta_1 \dot{X} = 0 \\
& L^* \dot{I} + R_2 I + \Theta_2 \dot{X} = 0
\end{aligned}
\right\}
\tag{3-47}
$$

式中,$(\cdot)$ 表示对时间的导数;m 表示压电振子的等效质量;X 表示等效质量的相对位移;c 表示线性阻尼系数;k 为等效线性刚度;L_0 表示受压弹簧的原长;l 为弹簧振子质心到支点的水平距离;u 为外界的振动源位移;Θ_1 表示压电效应耦合系数;C 表示压电材料的等效电容;V 表示通过 PVDF 产生的电压;Θ_2 为电磁效应耦合系数;L^* 表示等效电感;I 表示感应线圈中的电流;R_1 和 R_2 分别为压电电路和电磁电路的电阻。方程式(3-47)中第一式等号左边第四项和第五项、第二式以及第三式分别为压电和电磁的耦合效应。

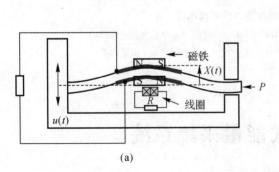
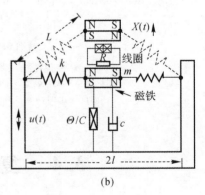

图 3.12   模型示意图

(a) 屈曲梁复合式能量采集系统;   (b) 屈曲梁集中参数近似数学模型

引入无量纲常数 c_v, l_i，令 $x = \dfrac{X}{L_0}$，$y = \dfrac{u}{L_0}$，$v = \dfrac{V}{c_v}$，$i = \dfrac{I}{l_i}$，$\tau = t / \sqrt{\dfrac{2k}{m}}$。对式（3-47）进行无量纲化，有

$$\left. \begin{aligned} & x'' + 2\xi x' + x\left(1 - \frac{1}{\sqrt{x^2 + \alpha^2}}\right) + \theta_1 v - \theta_2 i = y'' \\ & v' + \eta_1 v - \beta_1 x' = 0 \\ & i' + \eta_2 i + \beta_2 x' = 0 \end{aligned} \right\} \qquad (3-48)$$

式中，$2\xi = c/2k$；$\alpha = l/L_0$；$\theta_1 = c_v \Theta_1 / 2kL_0$；$\theta_2 = l_i \Theta_2 / 2k$；$\eta_1 = \sqrt{\dfrac{m}{2k}}\,/R_1 C$；$\eta_2 = R_2 \sqrt{\dfrac{m}{2k}}\,/L^*$；$\beta_1 = \sqrt{\dfrac{m}{2k}}\,\Theta_1 L_0 / Cc_v$；$\beta_2 = \sqrt{\dfrac{m}{2k}}\,\Theta_2 L_0 / L^* l_i$；$y''$ 表示外部激励。

3.4.2　平衡点以及静态分岔分析

为了考察复合式能量采集系统对应的自治系统的平衡点稳定性以及静态分岔特性，令 $x_1 = x, x_2 = x', x_3 = v, x_4 = i$，将方程式（3-48）转化为状态方程的形式，其所对应的自治系统可以写成

$$\begin{bmatrix} x'_1 \\ x'_2 \\ x'_3 \\ x'_4 \end{bmatrix} = \begin{bmatrix} x_2 \\ -2\xi x_2 - x_1\left(1 - \dfrac{1}{\sqrt{x_1^2 + \alpha^2}}\right) - \theta_1 x_3 + \theta_2 x_4 \\ -\eta_1 x_3 + \beta_1 x_2 \\ -\eta_2 x_4 - \beta_2 x_2 \end{bmatrix} \qquad (3-49)$$

当 $0 < \alpha < 1$ 时，非线性系统［式（3-49）］有三个平衡位置 $(0,0,0,0)$，$(\pm\sqrt{1-\alpha^2}, 0, 0, 0)$；当 $\alpha \geqslant 1$ 时，系统只有一个平衡位置 $(0,0,0,0)$。下面将分别讨论各个平衡点的 Jocabi 稳定性。

平衡位置 ± 所对应的 Jocabi 矩阵为

$$\boldsymbol{J}_1 = \begin{bmatrix} 0 & 1 & 0 & 0 \\ -1 + \dfrac{1}{\alpha} & -2\xi & -\theta_1 & \theta_2 \\ 0 & \beta_1 & -\eta_1 & 0 \\ 0 & -\beta_2 & 0 & -\eta_2 \end{bmatrix} \qquad (3-50)$$

进一步，特征方程 $\det(\boldsymbol{J}_1 - \lambda \boldsymbol{I}) = 0$ 可以表示成

$$\lambda^4 + \lambda^3(\eta_1 + \eta_2 + 2\xi) + \lambda^2\left(1 - \frac{1}{\alpha} + \eta_1 \eta_2 + \beta_1 \theta_1 + \beta_2 \theta_2 + 2\eta_1 \xi + 2\eta_2 \xi\right) +$$

$$\lambda\left[(\eta_1 + \eta_2)\left(1 - \frac{1}{\alpha}\right) + \beta_1 \eta_2 \theta_1 + \beta_2 \eta_1 \theta_2 + 2\eta_1 \eta_2 \xi\right] + \left(1 - \frac{1}{\alpha}\right)\eta_1 \eta_2 = 0 \qquad (3-51)$$

当 $\alpha > 1$ 时，由于 $\theta_1, \theta_2, \eta_1, \eta_2, \beta_1, \beta_2, \xi$ 大于 0，基于 Routh-Hurwitz 判定定理可知平衡位置 $(0,0,0,0)$ 是渐进稳定的；而当 $\alpha = 1$ 时，特征方程出现零特征根，平衡位置 $(0,0,0,0)$ 为分岔点；当 $0 < \alpha < 1$ 时，由于特征方程必然存在正实根，因此推出平衡位置 $(0,0,0,0)$ 是不稳定的。

平衡位置$(\pm\sqrt{1-\alpha^2},0,0,0)$所对应的 Jocabi 矩阵为

$$J_2 = \begin{bmatrix} 0 & 1 & 0 & 0 \\ -1+\alpha^2 & -2\xi & -\theta_1 & \theta_2 \\ 0 & \beta_1 & -\eta_1 & 0 \\ 0 & -\beta_2 & 0 & -\eta_2 \end{bmatrix} \qquad (3-52)$$

相应的特征方程 $\det(J_2-\lambda I)=0$ 可以表示成

$$\lambda^4 + \lambda^3(\eta_1+\eta_2+2\xi) + \lambda^2(1-\alpha^2+\eta_1\eta_2+\beta_1\theta_1+\beta_2\theta_2+2\eta_1\xi+2\eta_2\xi) +$$
$$\lambda[(\eta_1+\eta_2)(1-\alpha^2)+\beta_1\eta_2\theta_1+\beta_2\eta_1\theta_2+2\eta_1\eta_2\xi]+(1-\alpha^2)\eta_1\eta_2=0 \qquad (3-53)$$

当$0<\alpha<1$时,由于$\theta_1,\theta_2,\eta_1,\eta_2,\beta_1,\beta_2,\xi$大于0,基于 Routh-Hurwitz 判据可得,平衡位置$(\pm\sqrt{1-\alpha^2},0,0,0)$是渐进稳定的。

根据稳定性分析可知,当$0<\alpha<1$时,方程式(3-48)有两个稳定的平衡位置和一个不稳定的平衡位置;当$\alpha\geq1$时,方程式(3-48)只有一个稳定的平衡位置。可以看出,复合式能量采集系统在$\alpha=1$处发生亚临界叉形分岔[见图 3.13(a)]。

事实上,可以将振动控制方程式(3-48)中的势能函数表示成$U(x)=\dfrac{x^2}{2}-\sqrt{x^2+\alpha^2}+\alpha$。从图 3.13(b)可以看出,当$0<\alpha<1$时,势能函数存在双势能阱和单个势能垒;当$\alpha\geq1$时,势能函数只存在单势能阱。这样就从能量角度解释了平衡位置的稳定性。

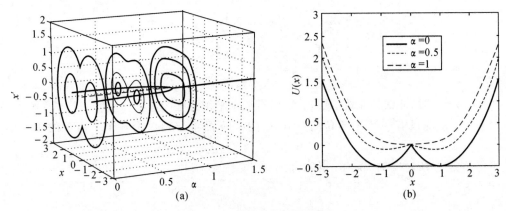

图 3.13　静态力学特性分析

(a) 亚临界叉型分岔（$x'=0$平面上的实线为稳定平衡点,虚线为不稳定平衡点）；　(b) 势能函数

3.4.3　数值模拟

1. 确定性激励

如果假设方程式(3-48)受到无量纲形式的外激励$y''=f\sin(\omega\tau)$,那么控制方程可以写成

$$\left.\begin{array}{l} x''+2\xi x'+x\left(1-\dfrac{1}{\sqrt{x^2+\alpha^2}}\right)+\theta_1 v-\theta_2 i=f\sin(\omega\tau) \\ v'+\eta_1 v-\beta_1 x'=0 \\ i'+\eta_2 i+\beta_2 x'=0 \end{array}\right\} \qquad (3-54)$$

图 3.14(a) 为系统 [式(3-54)] 取无量纲参数 $\alpha = 0.75, \xi = 0.05, \theta_1 = 0.05, \theta_2 = 0.05,$ $\eta_1 = 0.01, \beta_1 = 0.1, \eta_2 = 0.008, \beta_2 = 0.05, \omega = 1.05$ 时,位移响应 x 以及激励幅值 f 的分岔图。当 f 由 0.1 增大到 1.5 时,系统将会发生倍化周期分岔以及混沌现象。可以看出,随着激励幅值 f 的逐渐增大,交替出现了周期窗口和混沌窗口,但是最终复合式能量采集系统演变为大幅双阱周期 1 运动。

压电耦合部分的输出功率可以表示成 $P = V^2 / R_1$,而电磁耦合部分的输出功率表示成 $P = I^2 R_2$。图 3.14(b) 为复合式能量采集系统的输出功率随激励幅值 f 的变化规律。从图中可以看出,在系统的总输出功率当中,基于压电耦合所占的比重较大,而电磁耦合能量采集机理对于功率输出的贡献比重不可忽略。此外,系统在周期大幅双阱运动时的输出功率优势较为明显,因而大幅周期双阱运动要比混沌运动和单阱运动能实现更高的能量采集效率。

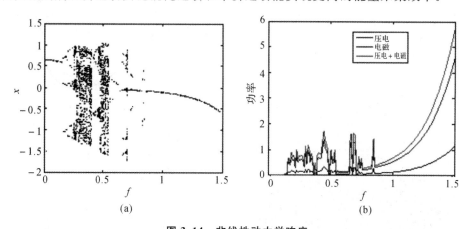

图 3.14　非线性动力学响应
(a)关于激励振幅 f 的分岔图;　(b)关于激励振幅 f 的输出功率

为了进一步说明激励强度对复合式能量采集系统非线性动力学行为的影响,图 3.15 给出了相应的相平面图分析。图 3.15(a)(b) 为激励幅值分别取 $f = 0.15$ 和 $f = 0.16$ 时系统的相平面图以及 Poincaré 截面图。当激励幅值较小时,系统只围绕一个稳定平衡位置做小幅单阱周期 1 运动;而当激励幅值增大到 0.16 时,系统将获得足够的激励越过势能垒,演变成围绕两个稳定平衡位置的双阱大幅周期 3 运动。由于外部激励已经为系统提供了足够的动能,当继续增大激励强度时,双稳态压电振子将在宏观上保持围绕两个稳定平衡位置的大幅度双阱运动。图 3.15(c)(d) 表明,随着激励幅值的增加,复合式能量采集系统将在 $x_1 - x_2$ 相平面上呈现出混沌运动和双阱倍化周期运动交替状态。

2. 随机激励

如果假设外部激励 y'' 为零均值宽带平稳 Gauss 白噪声过程 $F(\tau)$,满足如下关系式:

$$\left.\begin{array}{r} \langle F(\tau) \rangle = 0 \\ \langle F(\tau) F(\tau + \Delta \tau) \rangle = 2D\delta(\Delta \tau) \end{array}\right\} \qquad (3-55)$$

式中,D 为 Gauss 白噪声的强度;δ 为单位脉冲函数;$\Delta \tau$ 为时移。

图 3.16 给出了系统参数选取 $\alpha = 0.75, \xi = 0.05, \eta_1 = 0.01, \beta_1 = 0.1, \eta_2 = 0.008, \beta_2 = 0.05$ 时,根据 Euler - Maruyama 方法得到随压电耦合系数 θ_1、电磁耦合系数 θ_2 以及随机激励强度变化的输出响应规律。图 3.16(a)(c) 为信噪比曲面(SNR $= \sigma_x / \sigma_F$, σ_F, σ_x 分别为激励和响应的

标准差[79,134]),其中峰值所对应的激励强度就是发生相干共振的临界激励强度。从图中可以看出,随着耦合系数 θ_1,θ_2 逐渐增大,发生相干共振的临界激励强度先逐渐减小然后逐渐增大。由此得到在一定程度上,同时考虑压电耦合和电磁耦合的复合式能量采集系统比只考虑压电耦合或电磁耦合的能量采集系统更加容易出现明显的相干共振现象。图 3.16(b)(d) 表明,因为相干共振的原因,复合式能量采集系统在临界激励强度处的有效电压要比单单考虑压电效应或电磁效应的情形要大,从而输出功率也较大。

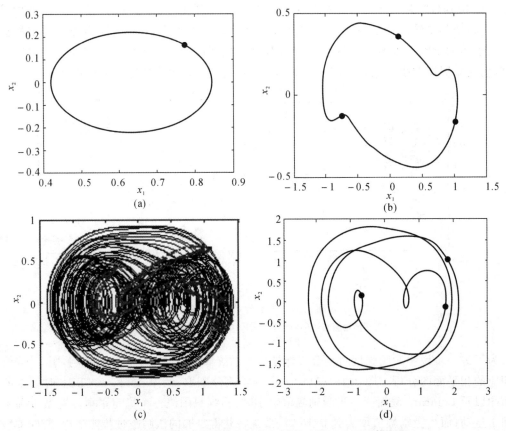

图 3.15　不同激励幅值情况的相平面图以及 Poincaré 截面图

(a)$f = 0.15$ 时周期 1 运动；　(b)$f = 0.16$ 时周期 3 运动；　(c)$f = 0.35$ 时混沌运动；　(d)$f = 0.66$ 时周期 5 运动

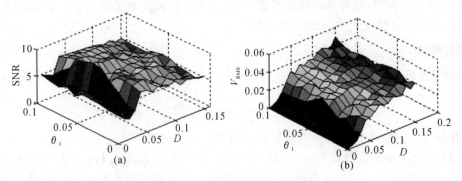

图 3.16　随机激励下动力学响应

(a)(b) 压电耦合系数 θ_1 对信噪比以及电压均方值的影响

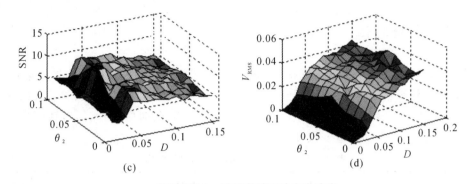

续图 3.16 随机激励下动力学响应

(c)(d) 电磁耦合系数 θ_2 对信噪比以及电压均方值的影响

当噪声强度设定为 $D=0.03$,其他参数选取为 $\theta_1=0.05$,$\theta_2=0.05$ 时,图 3.17 为不同能量采集机理下的相平面图以及位移时间响应。若只考虑电磁耦合情形,系统将始终围绕一个平衡位置做单阱小幅运动[见图 3.17(a)];而在考虑压电耦合情形时,会看到短暂的阱间跳跃[见图 3.17(b)];但是当同时考虑压电和电磁作用机理时,系统频繁出现适合能量采集的大幅双阱振动现象[见图 3.17(c)]。当双稳态系统实现相干共振时,势能阱之间的大幅位移响应被称为相干跳跃[134]。复合式能量采集系统在宽频随机激励下更容易出现势能阱之间的相干跳跃,因此产生比压电式或电磁式更高的能量采集效率[见图 3.17(d)]。

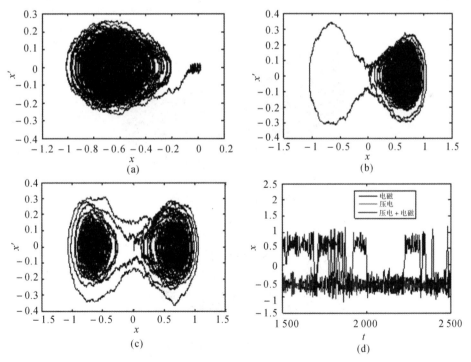

图 3.17 不同能量采集机理下的相平面图及位移时间响应

(a)电磁式; (b)压电式; (c)复合式; (d)时间历程图

3.4.4 实验验证

为了突出复合式能量采集系统可以在随机激励下利用相干共振来提高能量采集效率,本节针对复合式能量采集系统原始模型开展实验研究,实验参数见表3-1。实验装置如图3.18所示,主要由夹具、永磁铁(钕铁硼)、空心感应线圈、受压梁,两向应变片、压电薄膜(PVDF)、振动台、振动控制器以及动态应变仪(DH5922)组成。

表3-1 复合式能量采集系统参数

参数/单位	参数值	参数/单位	参数值
磁铁材料	NdFeB	空心线圈电阻/Ω	10^8
压电薄膜的尺寸/mm	40×10×0.2	压电常数/(pC·N^{-1})	21±1
磁场强度/T	1.5	梁的长度/m	0.15
磁铁体积/mm³	20×10×7	电容/pF	1 300±100
磁铁质量/g	50	泊松比	0.3
线圈匝数/匝	200 0	梁的宽度/m	0.04
弹性模量/GPa	72	密度/(kg·m^{-3})	2 700
空心线圈直径/m	0.000 3	梁的厚度/m	0.000 1

(a)

(b)

图3.18 能量采集系统实验装置

(a)压电式; (b)复合式

1—振动台; 2—夹具; 3—永磁铁; 4—应变片; 5—受压梁; 6—PVDF; 7—线圈

图3.19为整个实验测试系统的流程,其中振动控制器可以产生不同谱密度的随机激励,

随机激励的带宽设定为 $15\sim100$ Hz,该激励信号经过功率放大器之后由电磁振动台作用到能量采集装置上。复合式能量采集装置可以在压电效应和电磁效应下产生电压,产生的电能经过引线由数据采集器进行记录,并最终通过计算机汇总分析。

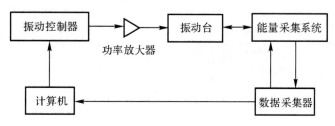

图 3.19　能量采集实验测试系统

图 3.20 为响应的标准差和开路有效电压与随机激励强度之间的关系。如图 3.20(a)所示,当激励的标准差增加时,压电式和复合式能量采集系统响应标准差也呈现递增的趋势,但复合式能量采集系统响应标准差幅值更大。这一结果证明了额外引入电磁能量采集机理促进原有压电式能量采集系统更容易出现相干共振现象。从图 3.20(b)可看出,由于相干共振,复合式能量采集系统所产生的有效输出电压明显高于单单考虑压电效应的情形。这一结果说明通过增加电磁耦合机理可提高原有压电式能量采集系统的能量采集效率。图 3.21 和图 3.22 分别为随机激励强度为 $D=0.005g^2/\text{Hz}$ 和 $D=0.03g^2/\text{Hz}$ 时的系统的动态位移响应以及电压输出。通过图 3.21 可以看出,当激励强度为 $D=0.005g^2/\text{Hz}$ 时,受压梁只围绕其中某一个平衡位置运动,此时复合式能量采集系统较难出现较高的峰值电压。图 3.22 中当激励强度增大到 $D=0.03g^2/\text{Hz}$ 时,大幅频繁双阱跳跃成为主要的运动状态,这时复合式能量采集系统频繁地出现高峰值电压。这些结果表明,相干共振能够提高能量采集系统在随机激励下的采集效率。

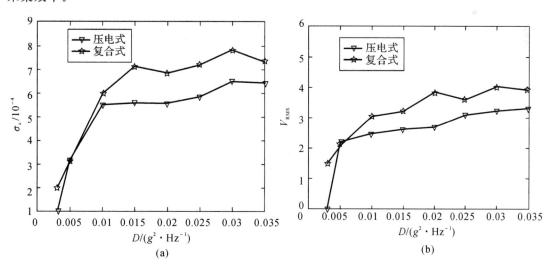

图 3.20　系统的响应随激励的标准差变化

(a)应变标准差；　(b)电压有效值(V_{RMS})

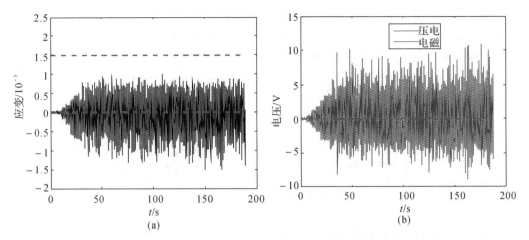

图 3.21　激励 $D=0.005g^2/\text{Hz}$ 时复合能量采集系统的力学和电学响应
(a)应变时间历程(对应两个稳态)；　(b)电压时间历程图

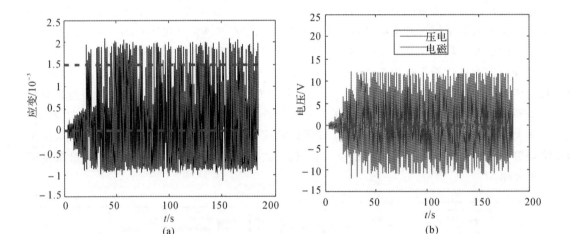

图 3.22　激励 $D=0.03g^2/\text{Hz}$ 时复合能量采集系统的力学和电学响应
(a)应变时间历程(对应两个稳态)；　(b)电压时间历程图

3.5　结　　论

　　为了利用几何非线性克服线性能量采集系统工作频带较窄的缺陷,本章研究了一类非线性能量采集系统的相干共振现象。使用随机线性化方法获得了非线性能量采集系统的电压近似解析形式表示,研究了分数阶阻尼的阶数对能量采集系统的相干共振的影响,提出了一类同时考虑压电效应和电磁效应的复合式能量采集系统,数值模拟了这种系统在确定性激励和随机激励下的动力学特性。结果表明,当随机激励强度增大时,这种复合式能量采集系统会出现相干共振现象。最终可得到以下结论:

　　(1)能量采集系统存在一个可以引起相干共振临界的激励标准差,当激励的强度小于该临界标准差时,能量采集效率较差;当激励的强度达到临界激励强度时,能量采集的效率急剧提高。解析结果和数值模拟都表明,引起相干共振的临界激励标准差与电路方程中时间常数有关,随着时间常数(RC)的减小(λ增大),所需要的噪声标准差逐渐变大。数值结果表明,随着 λ 的减小,能量采集系统可以从慢变动力学行为中采集到更多的能量。因此适当减小 λ,可提高能量采集效率。

(2) 随着几何非线性参数 α 的增大,非线性能量采集系统的势能函数的势能垒逐渐降低,由此引起逃离势能阱的速率增大以及在较低临界噪声强度处发生相干共振。分数阶阻尼的阶数不但会影响发生相干共振的临界噪声强度,而且还会影响信噪比的幅值。当阻尼阶数减小时,相干共振发生的临界激励强度逐渐减小,信噪比的幅值以及能量采集效率都相应增大。

(3) 考虑压电效应以及电磁耦合效应的复合式能量采集系统,在简谐激励下呈现出倍化周期分岔和混沌等复杂的非线性动力学行为。通过研究发生相干共振的临界随机激励强度随压电耦合系数 θ_1、电磁耦合系数 θ_2 的变化趋势,发现相对于只考虑压电耦合或电磁耦合的装置,复合式能量采集系统更容易出现明显的相干共振现象并由此产生高峰值电压。实验结果表明,复合式能量采集装置在宽频的随机激励下会随着激励强度的增大而出现相干共振现象。相干共振的发生会引起复合式能量采集系统的采集效率超过单单考虑压电效应或电磁效应的能量采集系统。

第4章 受压压电梁模型的相干
共振与随机共振

4.1 引　言

在能量采集系统的设计过程中,如何建立精确的数学模型是进行动力学分析和进行参数优化的前提。按照建模过程的简化程度,能量采集装置的建模可以分为集中参数模型和分布参数模型。

经典的能量采集的建模方法主要是采用集中参数方法得到振动控制方程。这种方法将系统视为单自由度模型,对获得的机械方程和电方程通过压电本构关系进行耦合。这种集中参数模型虽然表述简单,而且反映了系统的主要特征,但是忽略了振型、应变等信息,因此在刻画响应方面存在着很大的误差[42]。

分布式能量采集系统建模通常采用两种方法。第一种是根据 Euler - Bernoulli 梁理论和几何变形条件建立系统运动的偏微分方程,采用 Galerkin 方法进行降维,将其离散成常微分方程进行求解。第二种是采用分析力学中 Lagrange 方程和广义 Hamilton 原理。这种方法从能量和做功角度阐释结构运动内在机理,避开了对整体结构进行烦琐的受力分析。Dutoit 等人[40]依据广义 Hamilton 原理建立了悬臂梁压电能量采集系统的分布式参数模型。Stanton 等人[61]根据 Lagrange 方程建立了双稳态能量采集系统的分布式参数模型。

环境振动大多以非周期、随机、低频宽谱的形式存在,因此研究双稳态能量采集系统在随机激励下的响应更符合实际情况,能更有效地指导实际工况下双稳态能量采集系统的设计。在日常生活中,噪声总是扮演着消极有害的角色,例如在故障诊断当中,微弱的诊断信号总是淹没在背景噪声当中,这样人们就很难获得有效的信息判断故障发生的位置以及种类。随机共振的出现,彻底改变了人们对噪声的固有认识。在某些特定环境下,噪声也可以起到积极作用,它可以通过和非线性系统的协同作用来放大被检测的信号。相干共振是一种特殊的随机共振,一般来说,随机共振是非线性系统在弱周期力和噪声的协同作用下才会发生的,而相干共振是非线性系统只在噪声激励下的结果。Cottone 等人[82]建立了随机激励下双稳态能量采集系统的分布式参数模型,并且通过数值模拟研究了不同的磁铁间距下随机强度和输出电压之间的关系。本章的核心思想是,针对一类受压式压电梁能量采集系统采用随机共振和相干共振原理,即利用噪声、外界周期信号和非线性系统的协调作用,将无序的噪声能量集中输出,从而提高能量的转化效率。

4.2　受压压电梁模型的相干共振

4.2.1　模型描述

如图 4.1 所示,将能量采集系统考虑成一个两端固定支撑的压电梁模型。压电梁的一端固定,另一端可以在水平静力 F_0 的作用下产生轴向移动。如图 4.1 所示双稳态能量采集系统包括一个钢梁和一个压电片,它们受到竖直方向上的横向激励 $y(t)$。压电片和钢梁的厚度分别记作 δ_1 和 δ_2,它们的长度和宽度记作 L 和 b。

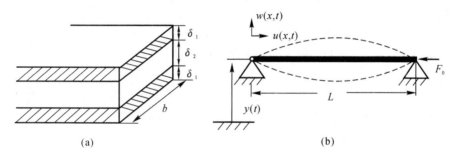

图 4.1　受压式压电能量采集结构

(a) 压电梁的横截面; (b) 双稳态结构

压电梁的动能可表示成

$$T = \frac{1}{2} \int_0^L m \left[(\dot{w} + \dot{y})^2 + \dot{u}^2 \right] \mathrm{d}x \tag{4-1}$$

式中,$(\cdot)$ 表示对时间的导数;m 表示单位长度的质量,$m = 2b\delta_1\rho_1 + b\delta_2\rho_2$,$\rho_1$,$\rho_2$ 分别为压电片和梁的密度;$u(x,t)$ 和 $w(x,t)$ 表示轴向和横向位移,x 为梁的位置坐标;$y(t)$ 表示基础激励,它使得系统横向受迫振动。假设梁是柔性的并且不可拉伸,$u(x,t)$ 位移可以表示为

$$u(x,t) = \frac{1}{2} \int_0^x w'(x,t)^2 \mathrm{d}x \tag{4-2}$$

考虑机电耦合的影响,能量采集系统的势能可以写成

$$U = \frac{1}{2} \int_0^L EI \left[w''(x) \right]^2 \mathrm{d}x + \frac{EA}{2L} \left[\int_0^L \frac{1}{2} w'(x)^2 \mathrm{d}x \right]^2 - \frac{F_0}{2} \int_0^L w'(x)^2 \mathrm{d}x -$$

$$2 \int_0^{\frac{L}{4}} \gamma_c V w''(x) \mathrm{d}x + \frac{1}{2} C_p V^2 \tag{4-3}$$

式中,EI 为抗弯刚度,可表示为

$$EI = \frac{E_2 b \delta_2^3}{12} + \frac{E_1}{6} b \delta_1 (4\delta_1^2 + 6\delta_1\delta_2 + 3\delta_2^2) \tag{4-4}$$

EA 为抗拉伸刚度,可表示为 $EA = 2E_1 b \delta_1 + E_2 b \delta_2$,$E_1$,$E_2$ 分别为压电片和梁的弹性模量;F_0 是一个静载荷;V 是压电片的输出电压;γ_c 是机电耦合项,$\gamma_c = E d_{31} b(\delta_1 + \delta_2)$;$C_p$ 是压电片的等效电容,$C_p = e_{33} bL / \delta_1$。

引入耗散方程 δW 来表示非保守力做功,有

$$\delta W = -\int_0^L c\dot{w}\delta w\,\mathrm{d}x + Q(t)\delta V \qquad (4-5)$$

其中,c 表示阻尼系数;Q 为压电片的电荷输出,它的时间变化率为通过电阻的电流,即 $\dot{Q} = V/R$。假设受压梁的基础模态在 Galerkin 展开的模态函数中占有主要地位,因此

$$w(x,t) = w_1(x) + v(x,t), v(x,t) = \sum_{i=1}^{N} r_i(t)\psi(x) \qquad (4-6)$$

其中,N 表示截断模态的个数,由于只考虑基础模态,因此在下面的分析中 $N=1$。w_1 可以写成 $w_1(x,t) = h_0\psi(x)$,其中 h_0 是受压梁初始屈曲位移,$\psi(x)$ 是梁的振型函数。$v(x,t)$ 是初始振型基础上的挠度变化。r_1 是振型函数的广义位移坐标。因此式(4-6)可以写成

$$w(x,t) = h_0\psi(x) + r_1(t)\psi(x) \qquad (4-7)$$

其中,$\psi(x) = [1 - \cos(2\pi x/L)]/2$,表示振型函数。将随时间变化的高度表示成 $q(t) = h_0 + r_1(t)$,因此式(4-7)可以表示成

$$w(t) = q(t)\psi(x) \qquad (4-8)$$

将式(4-8)代入式(4-1)、式(4-2)和式(4-4)得

$$
\left.
\begin{aligned}
T &= \frac{m}{2}\int_0^L [\dot{q}^2\psi(x)^2 + 2\dot{q}\dot{y}\psi(x) + \dot{y}^2]\,\mathrm{d}x + \frac{mq\dot{q}}{2}\int_0^L\int_0^L [\psi'(x)]^2\,\mathrm{d}x\mathrm{d}x \\
U &= \frac{EI}{2}q^2\int_0^L [\psi''(x)]^2\,\mathrm{d}x + \frac{EA}{8L}q^4\left[\int_0^L \psi'(x)^2\,\mathrm{d}x\right]^2 - \frac{F_0}{2}q^2\int_0^L [\psi'(x)]^2\,\mathrm{d}x - \\
&\quad 4\gamma_c Vq\int_0^{\frac{L}{4}} \psi''(x)\,\mathrm{d}x + \frac{1}{2}C_p V^2 \\
\delta W &= -c\int_0^L \psi(x)^2\,\mathrm{d}x\dot{q}\delta q + Q(t)\delta V
\end{aligned}
\right\} \qquad (4-9)
$$

基于上面的动能和势能表达式,系统的 Lagrange 函数可以表示成 $L = T - U$。根据 Euler - Lagrange 方程

$$
\left.
\begin{aligned}
\frac{\mathrm{d}}{\mathrm{d}t}\left(\frac{\partial L}{\partial \dot{q}}\right) - \frac{\partial L}{\partial q} &= \frac{\delta W}{\delta q} \\
\frac{\mathrm{d}}{\mathrm{d}t}\left(\frac{\partial L}{\partial \dot{V}}\right) - \frac{\partial L}{\partial V} &= \frac{\delta W}{\delta V}
\end{aligned}
\right\} \qquad (4-10)
$$

相应的受压压电梁的振动控制方程可以表示成

$$
\begin{aligned}
&\ddot{q} + \xi\dot{q} + \alpha(q^2\ddot{q} + q\dot{q}^2) + (k_1 - F_0 k_2)q + k_3 q^3 + \theta V = -\gamma\ddot{y} \\
&\dot{V} + \eta V - \lambda\dot{q} = 0
\end{aligned} \qquad (4-11)
$$

其中 $\displaystyle \xi = \frac{c}{m}$, $\displaystyle \alpha = \frac{\int_0^L\left[\int_0^x \psi'(x)^2\,\mathrm{d}x\right]^2\mathrm{d}x}{2\int_0^L \psi(x)^2\,\mathrm{d}x}$, $\displaystyle k_1 = \frac{EI\int_0^L[\psi''(x)]^2\,\mathrm{d}x}{m\int_0^L \psi(x)^2\,\mathrm{d}x}$, $\displaystyle \eta = \frac{1}{RC_p}$

$\displaystyle k_2 = \frac{\int_0^L[\psi'(x)]^2\,\mathrm{d}x}{m\int_0^L \psi(x)^2\,\mathrm{d}x}$, $\displaystyle k_3 = \frac{\frac{EA}{2L}\left\{\int_0^L[\psi'(x)]^2\,\mathrm{d}x\right\}^2}{m\int_0^L \psi(x)^2\,\mathrm{d}x}$, $\displaystyle \Theta = \frac{2\gamma_c\int_0^{\frac{L}{4}}\psi''(x)\,\mathrm{d}x}{m\int_0^L \psi(x)^2\,\mathrm{d}x}$

$\displaystyle \gamma = \frac{\int_0^L \psi(x)\,\mathrm{d}x}{\int_0^L \psi(x)^2\,\mathrm{d}x}$, $\displaystyle \lambda = \frac{2\gamma_c\int_0^{\frac{L}{4}}\psi''(x)\,\mathrm{d}x}{C_p}$

系统的弹性势能可以表示成

$$U(q) = \frac{(k_1 - F_0 k_2)\, q^2}{2} + \frac{k_3 q^4}{4} \tag{4-12}$$

基于式(4-12),图 4.2 描述了受压梁在屈曲和未屈曲状态下的势能函数。在非屈曲状态下,刚度系数满足 $F_0 k_2 < k_1$,此时系统为单稳态系统,即系统围绕平衡点 $q=0$ 振动。当受压载荷超过 k_1/k_2 时,受压梁呈现屈曲状态,此时系统为存在两个平衡点的双稳态系统。

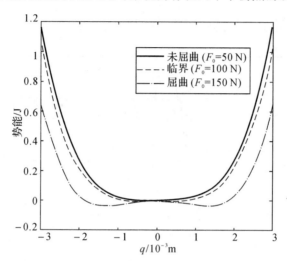

图 4.2　未屈曲、临界屈曲和屈曲状态下的弹性势能

4.2.2　数值模拟

1. 谐波激励

在本节中,我们将谐波激励设定为 $\ddot{y} = a\sin(\omega t)$,其中 a 表示基础加速度激励,设定为 $0.5g$。下面通过数值方法研究系统在基础加速度激励下的机电耦合响应,轴向载荷设定为 $F_0 = 80$ N。

图 4.3 为结构参数取表 4-1 所列数值时,随着频率变化的分岔图和 Lyapunov 指数。通过由 Jacobian 方法得到的 Lyapunov 指数可以看出,当频率从 85 rad/s 增大到 140 rad/s 时,系统经历了倍周期状态和混沌状态交替出现的情况。能量采集系统的输出功率可以通过公式 V^2/R 求出。图 4.4 给出了系统在屈曲状态和未屈曲状态的输出电压和输出功率。结合图 4.3 可以看出,大幅周期运动时的输出电压有明显的增大趋势。

能量采集系统的动力学特性可以进一步通过相平面图和 Poincaré 映射图来说明。如图 4.5(a)所示,当激励频率为 $\omega = 85$ rad/s 时,响应呈现周期 1 运动。当激励频率增大到 $\omega = 110$ rad/s 时,响应进入混沌运动状态,这时的输出功率较低。当激励频率继续增大到 $\omega = 115$ rad/s 时,响应进入到双阱周期 3 运动[见图 4.5(c)]。最终当激励达到 $\omega = 140$ rad/s 时,系统呈现双阱周期 1 运动,这时压电片的输出功率相对较高。

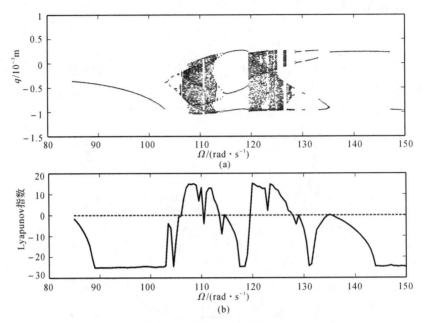

图 4.3 非线性动力学特性

(a)分岔图; (b) Lyapunov 指数

表 4 – 1 数值模拟中的几何参数和材料参数

钢		压电片	
参数/单位	数值	参数/单位	数值
长度/m	0.35	长度/m	0.35
宽度/m	0.01	宽度/m	0.01
厚度/m	0.001	厚度/m	0.000 2
体密度/(kg・m^{-3})	7 850	体密度//(kg・m^{-3})	4 000
弹性模量 E_2/GPa	210	弹性模量 E_1/GPa	40
阻尼系数	5	耦合系数 d_{31}/(C・N)	-2×10^{-12}
		容许常数 e_{33}	1×10^{-10}

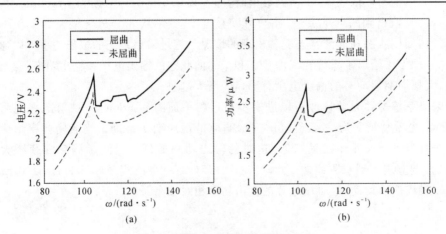

图 4.4 屈曲和未屈曲状态输出比较

(a)有效电压; (b)功率

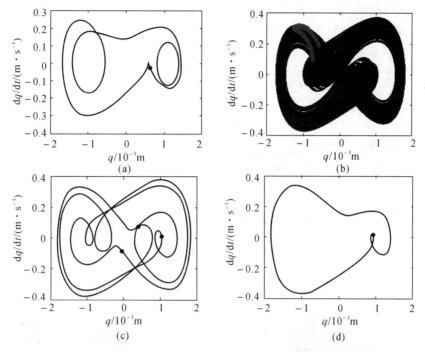

图 4.5　相平面图和 Poincaré 截面图

(a)$\omega=85$ rad/s 时周期 1 运动；　(b)$\omega=110$ rad/s 时混沌运动；

(c)$\omega=115$ rad/s 时周期 3 运动；　(d)$\omega=140$ rad/s 时双阱周期 1 运动

2. 随机激励

在本节我们将基础加速度激励假设为一个宽带平稳随机过程 $\ddot{y}=\Gamma(\tau)$。它的均值和相关函数可以表示成

$$\left.\begin{array}{l}\langle\Gamma(\tau)\rangle=0\\\langle\Gamma(\tau)\Gamma(t+\tau)\rangle=2D\delta(\tau)\end{array}\right\}\tag{4-13}$$

式中，$\langle\ \rangle$ 表示期望；$\delta(\tau)$ 表示 dirac-delta 函数。

图 4.6 给出了信噪比（SNR$=\sigma_q/D$）在屈曲和未屈曲两种状态下随着噪声强度的变化曲线。值得注意的是，在未屈曲状态下信噪比是一条单调递减的曲线，在屈曲状态下信噪比曲线存在一个峰值。一般来说，峰值所对应的噪声强度就是相干共振产生所需要的临界激励强度，在该处双稳态系统可以实现频繁的阱间跳跃。相应地，图 4.6(b) 给出了噪声强度变化时有效电压变化趋势。如图 4.7 所示，当 $D=0.015g^2/\mathrm{Hz}$ 时，从 $F_0=50$ N 时和 $F_0=75$ N 时的相轨迹曲线的对比中可以明显发现，通过施加一个预应力能够使受压梁呈现屈曲状态，从而利用双稳态特性有效地改变了响应输出。

当 $D=0.015g^2/\mathrm{Hz}$ 时，图 4.8 给出了在屈曲和未屈曲两种状态下关于位移的概率密度函数（Probability Density Function，PDF）。如图 4.8(a) 所示，在未屈曲状态时，系统只围绕唯一的平衡位置（$q=0$）做往复运动，这时概率密度呈现单峰分布。如图 4.8(b) 所示，在屈曲状态时，系统围绕两个平衡位置（$q=\pm0.47$ mm）做往复运动，这时概率密度呈现双峰分布。这一特性和受压梁的稳定性分析一致。

— 63 —

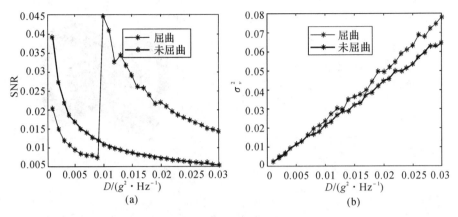

图 4.6　能量采集系统在随机激励下的模拟结果

（a）SNR；　（b）有效电压

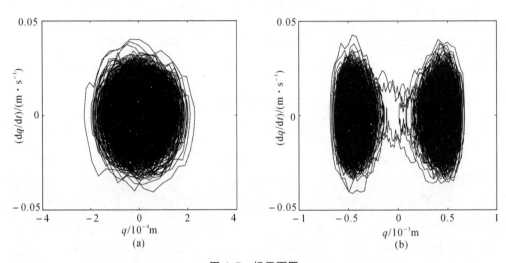

图 4.7　相平面图

（a）未屈曲状态；　（b）屈曲状态

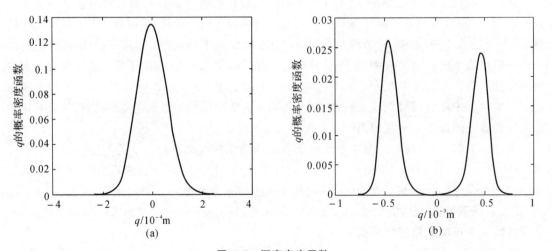

图 4.8　概率密度函数

（a）未屈曲状态；　（b）屈曲状态

4.3 受压压电梁能量采集系统的随机共振

随机共振是微弱信号处理领域的一种常见方法,其内在机理实际上是弱周期信号、随机激励和非线性系统之间的协同作用。一部分随机激励的能量被转化到弱周期信号上,从而使微弱信号得到加强。由此可以联想到,随机共振和能量采集之间有着很强的比拟性。也就是说,如果采用某种机制使双稳态能量采集系统出现随机共振现象,进而就可以增强压电能量采集系统的动态结构响应、增加电荷输出,以及大大提高能量采集系统的能量转换效率。同时,随机共振也可以拓展非线性能量采集系统的频率范围。为此,本节利用随机共振的机理研究受压梁压电能量采集系统在谐波激励和随机激励共同作用下的动力学行为,为解决进一步提高能量采集效率提供了一种方法探索。

4.3.1 随机共振方法

由于随机共振是通过一个弱周期力对环境振动下的非线性振子进行调制来增加输出响应,因此随机共振的发生需要三个条件:①双稳态或者多稳态系统;②一个弱的谐波信号输入;③相干随机信号输入。

对一个单自由度非线性动力系统,它的动力学控制方程可以写成

$$M\ddot{X} + C\dot{X} + \frac{\partial U(X)}{\partial X} = A\cos(\omega t) + \xi(t) \tag{4-14}$$

式中,$(\cdot)$ 表示对时间的导数;M 是等效质量;C 是等效阻尼系数;$A\cos(\omega t)$ 为一个弱的周期调制信号,A 和 ω 分别为这个调制信号的幅值和频率;$\xi(t)$ 是一个零均值平稳白噪声过程,它满足关系式 $\langle \xi(t) \rangle = 0$,$\langle \xi(t)\xi(t') \rangle = 2D(t-t')$,$D$ 为噪声强度;$U(X)$ 是一个对称的四次方势能,可以表示成

$$U(X) = -\frac{\alpha}{2}X^2 + \frac{\beta}{4}X^4 \tag{4-15}$$

如图 4.9(a) 所示,势能函数是对称的并且在 $X_m = \pm\sqrt{\frac{\alpha}{\beta}}$ 处有两个势能阱,势能垒表示成 $\Delta U = \frac{\alpha^2}{4\beta}$。如图 4.9(b) 所示,在噪声和周期激励的共同作用下,势能函数发生周期性的变化,势能阱周期性地涨落。这种情况下,势能函数定义成

$$\hat{U}(X) = -\frac{\alpha}{2}X^2 + \frac{\beta}{4}X^4 - AX\cos(\omega t) \tag{4-16}$$

尽管周期力很弱,不足以产生势能阱之间的周期振动响应,但是当协同效应使得噪声强度逐渐增加时,也会使信噪比在一定程度上增强。

当驻留时间 T_K 等于谐波力的周期 T_Ω 的一半时,协同作用发生。因此,可得随机共振发生的条件为

$$2T_K = T_\Omega \tag{4-17}$$

两势能阱之间的逃离速率可以用 Kramers 逃逸率 γ_k 来表示,它与平均驻留时间 T_K 成反

比,即 $T_K = \dfrac{1}{\gamma_k}$,进一步 γ_k 可表示成

$$\gamma_k = \frac{\alpha}{\sqrt{2\pi}}\exp\left(-\frac{\Delta U}{D}\right) \qquad (4-18)$$

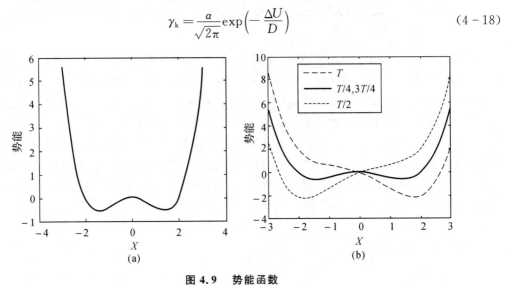

图 4.9　势能函数

(a) 静载荷势能;　(b) 动态载荷势能

4.3.2　结构描述和建模

图 4.10 为一个双稳态压电梁能量采集系统,它在横向激励下受迫振动。受压梁一端固定支撑,另一端受到一个水平的动态载荷 $F(t)$,可以在 x 方向上自由移动。动态力是静态力和一个周期谐波激励的组合,其中周期谐波激励可以通过磁铁和线圈来实现。当动态力超过梁的屈曲载荷时,受压梁实现动态屈曲。首先,两个永磁铁一个固定在受压梁的顶端 A,另一端固定在夹具 B 上面。两个磁铁的磁极同向,产生的磁力提供了能使梁屈曲的静态载荷。在磁铁B 上缠绕若干线圈,线圈中的交变电流产生周期谐波激励。值得注意的是,周期和谐波激励为随机共振的发生提供了必要条件。如图 4.10(b) 所示,双稳态能量采集系统包括一个钢梁和一个压电片,它们的长度和宽度记作 L 和 b。压电片和钢梁的厚度分别记作 δ_1 和 δ_2。

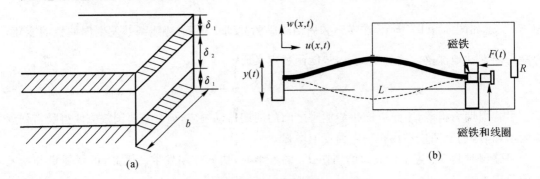

图 4.10　结构模型

(a) 压电梁的横截面;　(b) 双稳态随机共振模型

压电梁的动能表示成

$$T = \frac{1}{2} \int_0^L m \big[(\dot{w} + \dot{y})^2 + \dot{u}^2 \big] \mathrm{d}x \tag{4-19}$$

其中，m 表示单位长度的质量，$m = 2b\delta_1\rho_1 + b\delta_2\rho_2$，$\rho_1$，$\rho_2$ 分别为压电片和梁的密度；$u(x,t)$ 和 $w(x,t)$ 表示轴向和横向位移，x 为梁的位置坐标；$y(t)$ 表示基础激励，它使得系统横向受迫振动。

对于受压压电梁，它的势能包括基底弯曲弹性势能、轴向外力做功，以及压电片的电弹能量。最终压电梁的势能表示成

$$U = \frac{1}{2} \int_0^L EI \big[w''(x) \big]^2 \mathrm{d}x + \frac{EA}{2L} \left[\int_0^L \frac{1}{2} w'(x)^2 \mathrm{d}x \right]^2 + \frac{F(t)}{2L} \left[\int_0^L \frac{1}{2} w'(x)^2 \mathrm{d}x \right] -$$

$$2 \int_0^{\frac{L}{4}} \gamma_c V w''(x) \mathrm{d}x + \frac{1}{2} C_p V^2 \tag{4-20}$$

式中，V 是压电片的输出电压；γ_c 是机电耦合项，可表示成 $\gamma_c = Ed_{31}b(\delta_1 + \delta_2)$；$C_p$ 是压电片的等效电容，可表示成 $C_p = e_{33}bL/\delta_1$；动态载荷 $F(t)$ 设定为 $F_0 - F_1\cos(\Omega t)$，其中 F_0 是能让梁产生屈曲的静力，F_1 和 Ω 分别为周期动态谐波激励的幅值和频率；$\int_0^L \frac{1}{2} w'(x)^2 \mathrm{d}x$ 表示受压梁在轴向激励下产生的轴向位移；EI 为抗弯刚度，可表示成

$$EI = \frac{E_2 b\delta_2^3}{12} + \frac{E_1}{6} b\delta_1 (4\delta_1^2 + 6\delta_1\delta_2 + 3\delta_2^2) \tag{4-21}$$

EA 为为抗拉伸刚度，可表示成 $EA = 2E_1b\delta_1 + E_2b\delta_2$，其中 E_1，E_2 分别为压电片和梁的弹性模量。

阻尼的耗散作用可以用非保守力做功来表示：

$$\delta W = -\int_0^L c\dot{w}\delta w \mathrm{d}x + Q(t)\delta V \tag{4-22}$$

在采用 Euler-Lagrange 方程得到振动控制方程之前，要先对振型和模态函数作假设。由于一阶模态在位移响应中发挥主导作用，而高阶模态因频率较高，可以忽略其影响，为了方便分析，在 Galerkin 离散过程中，只取基础模态：

$$w(x,t) = w_1(x) + v(x,t), \ v(x,t) = \sum_{i=1}^{N} r_i(t)\psi(x) \tag{4-23}$$

其中，N 表示截断模态的个数，由于只考虑基础模态，因此在下面的分析中 $N = 1$。w_1 可以写成 $w_1(x,t) = h_0\psi(x)$，其中，h_0 是受压梁初始屈曲位移，$\psi(x)$ 是梁的振型函数。$v(x,t)$ 是初始振型基础上的挠度变化。r_1 是振型函数的广义位移坐标。

因此方程式(4-23)可以写成

$$w(x,t) = h_0\psi(x) + r_1(t)\psi(x) \tag{4-24}$$

其中，$\psi(x) = [1 - \cos(2\pi x/L)]/2$ 为振型函数。将随时间变化的高度表示成 $q(t) = h_0 + r(t)$，方程式(4-24)可以写成

$$w(t) = q(t)\psi(x) \tag{4-25}$$

将方程式(4-25)代入式(4-19)、式(4-20)和式(4-22)中，有

$$
\left.
\begin{aligned}
&T = \frac{m}{2}\int_0^L \left[\dot{q}^2 \psi(x)^2 + 2\dot{q}\dot{y}\psi(x) + \dot{y}^2\right]\mathrm{d}x \\
&U = \frac{EI}{2}q^2\int_0^L \left[\psi''(x)\right]^2\mathrm{d}x + \frac{EA}{8L}q^4\left[\int_0^L \psi'(x)^2\mathrm{d}x\right]^2 - \frac{F_0 - F_1\cos(\Omega t)}{2}q^2\int_0^L \left[\psi'(x)\right]^2\mathrm{d}x - \\
&\qquad 4\gamma_c V q\int_0^{\frac{L}{4}} \psi''(x)\mathrm{d}x + \frac{1}{2}C_p V^2 \\
&\delta W = -\int_0^L \psi(x)^2\mathrm{d}x\, c\dot{q}\,\delta q + Q(t)\delta V
\end{aligned}
\right\}
\tag{4-26}
$$

基于上面的动能和势能,系统的 Lagrange 函数可以表示成 $L = T - U$。根据 Euler - Lagrange 原理:

$$
\left.
\begin{aligned}
&\frac{\mathrm{d}}{\mathrm{d}t}\left(\frac{\partial L}{\partial \dot{q}}\right) - \frac{\partial L}{\partial q} = \frac{\delta W}{\delta q} \\
&\frac{\mathrm{d}}{\mathrm{d}t}\left(\frac{\partial L}{\partial \dot{V}}\right) - \frac{\partial L}{\partial V} = \frac{\delta W}{\delta V}
\end{aligned}
\right\}
\tag{4-27}
$$

相应地,受压梁的机电耦合振动控制方程可以表示成

$$
\left.
\begin{aligned}
&\ddot{q} + \xi\dot{q} - (F_0 k_2 - k_1)q + k_2 F_1\cos(\Omega t)q + k_3 q^3 + \theta V = -\gamma\ddot{y} \\
&\dot{V} + \eta V - \lambda\dot{q} = 0
\end{aligned}
\right\}
\tag{4-28}
$$

其中,$\xi = \dfrac{c}{m}$, $\quad k_1 = \dfrac{EI\int_0^L \left[\psi''(x)\right]^2\mathrm{d}x}{m\int_0^L \psi(x)^2\mathrm{d}x}$, $\quad k_2 = \dfrac{\int_0^L \left[\psi'(x)\right]^2\mathrm{d}x}{m\int_0^L \psi(x)^2\mathrm{d}x}$, $\quad k_3 = \dfrac{\dfrac{EA}{2L}\left\{\int_0^L \left[\psi'(x)\right]^2\mathrm{d}x\right\}^2}{m\int_0^L \psi(x)^2\mathrm{d}x}$,

$$
\Theta = \frac{2\gamma_c\int_0^{\frac{L}{4}} \psi''(x)\mathrm{d}x}{m\int_0^L \psi(x)^2\mathrm{d}x}, \quad \gamma = \frac{\int_0^L \psi(x)\mathrm{d}x}{\int_0^L \psi(x)^2\mathrm{d}x}, \quad \eta = \frac{1}{RC_p}, \quad \lambda = \frac{2\gamma_c\int_0^{\frac{L}{4}} \psi''(x)\mathrm{d}x}{C_p}
$$

引入一个无量纲尺度变换 $p = \sqrt{k_3}\,q$,令 $\mu = (k_1 - F_0 k_2)$, $f = \dfrac{F}{(k_1 - F_0 k_2)}$,方程式(4-28)可以写成

$$
\left.
\begin{aligned}
&\ddot{p} + \xi\dot{p} - \mu[1 + f\cos(\Omega t)]p + p^3 + \theta_1 V = -\gamma_1\ddot{y} \\
&\dot{V} + \eta V - \lambda_1\dot{p} = 0
\end{aligned}
\right\}
\tag{4-29}
$$

其中,$\theta_1 = \sqrt{k_3}\,\theta$, $\gamma_1 = \sqrt{k_3}\,\gamma$, $\lambda_1 = \lambda/\sqrt{k_3}$。

模型中的势能函数可以表示成

$$
U(p) = \frac{(f\cos(\Omega t) - 1)p^2}{2} + \frac{kp^4}{4}
\tag{4-30}
$$

从势能函数图像可以看出,它存在两个动态变化势能阱。如图 4.11 所示,势能阱的深度变化周期和周期激励的周期一致。

势能阱之间的转迁率可以表示为 Kramers 逃逸率 γ_k,有

$$
\gamma_k = \frac{|\mu|}{\sqrt{2}\,\pi}\exp\left(-\frac{\mu^2}{4D}\right)
\tag{4-31}
$$

其中,D 是随机激励强度。如前面所描述,当激励的频率为 Kramers 逃逸率一半时,随机共振发生。因此,可以获得随机共振发生的最优激励频率为

$$\omega = \pi\gamma_k = \frac{|\mu|}{2} \qquad\qquad (4-32)$$

根据随机共振理论和之前的分析,如果 $F(t)$ 的频率满足方程式(4-32),能量采集系统在环境激励 $\ddot{y}(t)$ 和弱周期激励 $F_1(t)$ 共同作用下将会产生随机共振。

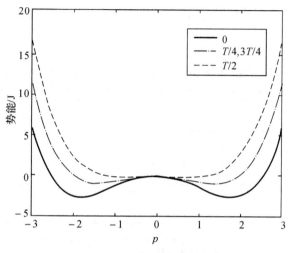

图 4.11　不同时刻的弹性势能

4.3.3　数值模拟

在本节,我们认为压电梁受到周期载荷 $F(t)$ 和随机激励 $y'' = \xi(t)$ 作用,其中 $\xi(t)$ 是平稳的 Gauss 白噪声。

图 4.12 为在随机激励和周期载荷 $F(t)$ 共同作用下的时间位移历程图。周期激励的幅度为 $F_1 = 4\ \mathrm{m/s^2}$,其他参数见表 4-1。显然,周期激励的频率是实现随机共振的一个关键因素。如图 4.12(c)所示,当激励频率是 1.4 Hz 时,双稳态系统的输出位移得到了极大的提高。而当周期激励的频率提高到 2.8 Hz 时,双阱之间的阱间跳跃很少发生[见图 4.12 (d)]。

压电能量采集系统的效率可以通过 RMS 电压或者能量转换率来判断,其中,能量转化率可以表示成

$$\eta = \frac{P_e}{P_m} \times 100\% \qquad\qquad (4-33)$$

其中,P_e,P_m 分别是电能和机械能的有效功率值。有效功率值可以通过下式获得:

$$P = \sqrt{\frac{1}{t}\int_0^t (p^{\mathrm{ins}})^2 \,\mathrm{d}t} \qquad\qquad (4-34)$$

其中,p^{ins} 为瞬时功率;t 表示时间。

能量采集系统的瞬时功率可以定义成 $p_e^{\mathrm{ins}} = \dfrac{V^2}{R}$,其中 V 为输出电压。而瞬时的机械能功率可以表示成 $p_m^{\mathrm{ins}} = \xi(t)\dot{q} + \left(\dfrac{\pi^2}{2L}\right)F_1\cos(\Omega t)\dot{q}q$。

图 4.13 是结构参数取表 4-1 所列值时的信噪比曲线(SNR $= \sigma_X/D$,其中 σ_X,D 分别是激

励强度和响应的标准差）。在下面的模拟当中周期激励的频率设定为 0.7 Hz。值得注意的是 SNR 曲线明显地存在一个峰值，在该处可以明显地从相应的时间历程图中看出势能阱之间的跳跃。应当注意的是，当激励强度较小时，响应限制在单个的势能阱中，系统显现单稳态特性。当随机激励的强度增大时，动能会增大以至跨过势能垒发生频繁的双稳态阱间运动。最终稳定的双阱周期运动保证了稳定的电能输出。

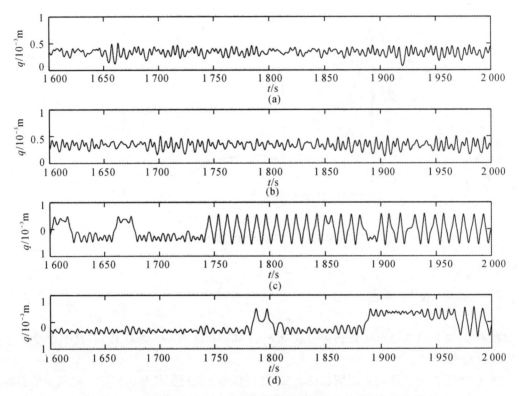

图 4.12 $D = 0.4\ \mathrm{m^2 \cdot s^{-4}/Hz}$ 随机激励和周期激励共同作用下的响应

(a)0.35 Hz； (b)0.70 Hz； (c)1.4 Hz； (d)2.8 Hz

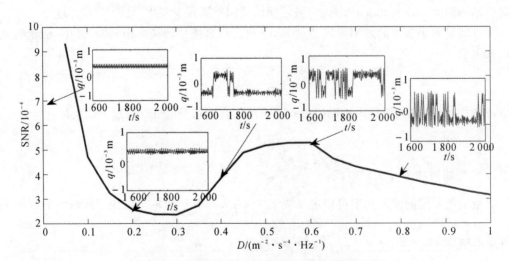

图 4.13 不同噪声强度下的信噪比以及时域响应

图 4.14(a)为随着激励强度变化的能量转化率,峰值所对应的噪声强度就是发生随机共振的最优噪声强度。正如所期望的那样,增加机械能输入会在一定程度上增加功率输出。在 $D=0.65\ \mathrm{m^2\cdot s^{-4}/Hz}$ 时的能量转化率比在 $D=0.25\ \mathrm{m^2\cdot s^{-4}/Hz}$ 时提高了 200%。图 4.14(b)给出了相应关于噪声强度变化的有效电压。值得注意的是,V_{RMS}/D 在 $D=0.65\ \mathrm{m^2\cdot s^{-4}/Hz}$ 处出现一个峰值,意味着在此处单位随机强度处能量采集系统产生较大的输出电压。

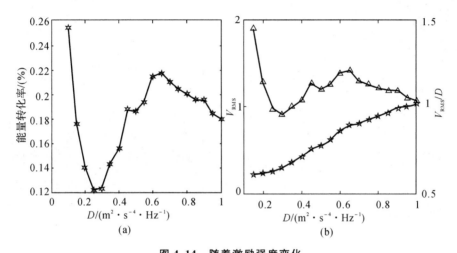

图 4.14　随着激励强度变化

(a)能量采集效率；　(b)有效电压

图 4.15 为在不同随机强度 D 情况下的时间历程电压和有效电压。从图 4.15(a)(b)可以看出,在低噪声强度下即当 $D=0.2\ \mathrm{m^2\cdot s^{-4}/Hz}$ 和 $D=0.4\ \mathrm{m^2\cdot s^{-4}/Hz}$ 时,受压梁只围绕一个平衡点运动,此时的有效电压分别为 0.23 V 和 0.29 V。当噪声强度增大到 $D=0.65\ \mathrm{m^2\cdot s^{-4}/Hz}$ 时,激励到达能够激发阱间跳跃的临界值,这时出现了偶尔的大幅电压[见图 4.15(c)]。当噪声强度继续增加到 $D=0.8\ \mathrm{m^2\cdot s^{-4}/Hz}$ 时,压电片产生了更多更密集的大幅电压,这时的 V_{RMS} 达到 0.29 V[见图 4.15(d)]。

为了表明额外增加一个谐波激励可以增加能量转换效率,图 4.16 给出了有谐波激励和无谐波激励两种情况下的能量转换效果。显然,通过与没有谐波激励($F_0=0\ \mathrm{N}$)时的对比,发现在弱周期激励 $F_0=4\ \mathrm{N}$ 情况下的输出电压更高。因此,适当增加一个小幅的周期力可以增加能量采集效率,从而输出更多的电压。

应当注意的是,提供谐波激励的能源问题目前始终无法解决。至于线圈中的电流,我们计划设计一个额外的与 4.2 节类似的受压式能量采集系统,它可以从随机激励中俘获能量。然后将采集到的电能通过一个整流电路转化为电流。尽管这一结构效率可能不高,但是足以产生微弱的电磁力使得改进之后的能量采集系统发生随机共振,输出更高的电压。

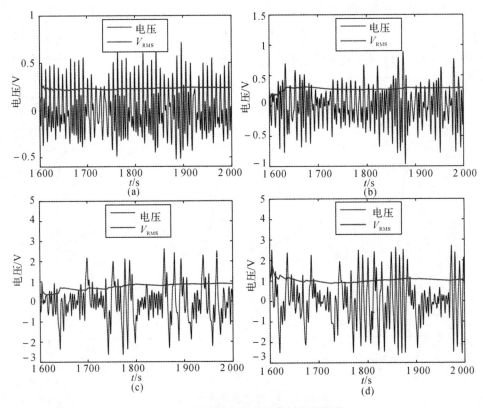

图 4.15 不同噪声强度下的时间历程图

(a)$D=0.2\ \mathrm{m^2 \cdot s^{-4}/Hz}$；　(b)$D=0.4\ \mathrm{m^2 \cdot s^{-4}/Hz}$；　(c)$D=0.6\ \mathrm{m^2 \cdot s^{-4}/Hz}$；　(d)$D=0.8\ \mathrm{m^2 \cdot s^{-4}/Hz}$

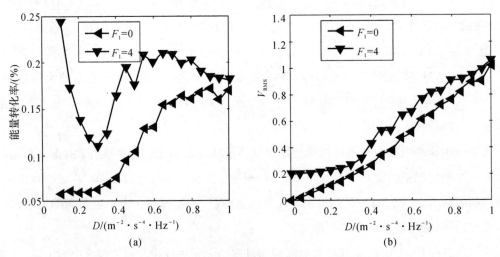

图 4.16 有随机激励和无随机激励的对比

(a)能量转化率；　(b)RMS 电压

4.4　结　　论

本章建立了一个轴向力作用的受压压电梁模型,根据 Lagrange 原理得到了振动能量采集系统的控制方程。通过数值方法进行求解可以得到以下结论:

(1)当轴向载荷为静力时,在谐波激励下,屈曲状态相对未屈曲状态具有更高的电压输出和功率输出。在随机激励下,屈曲状态能利用双稳态特性和相干共振采集到更多的能量。

(2)当轴向力为谐波激励时,固支压电梁存在两个势能阱。势能阱的深度是可变的并且表现出动态双稳态的特性。

(3)Kramers 逃逸率被用于表示势能阱之间转迁速率,在此基础上获得了能够发生随机共振的最优频率。数值结果表明,受压压电梁系统可以在横向随机激励和轴向周期激励的共同作用下实现随机共振。

(4)信噪比(SNR)、V_{RMS} 以及能量转化率等被用于证明随机共振可以产生大幅的振动并产生输出电压。因此,对于一个双稳态能量采集系统,随机共振可以被设计成一种经济而有效的方式来提高能量采集效率。

第 5 章　基于磁耦合效应的改进双稳态能量采集系统

5.1　引　　言

为了解决线性能量采集系统工作频带较窄的缺点,一些非线性方法,如施加轴向预应力以及碰撞都被引入非线性能量采集系统的设计中[141]。

在众多的非线性系统当中,双稳态能量采集系统可以通过自身特殊的双阱势能来拓宽工作频带。双稳态通常可以通过施加轴向预应力来实现。磁力耦合是一种较为常见的施加轴向预应力的方式[24,141-142]。Ando 等人[143]研究了这种能量采集系统在谐波激励以及随机激励下的特性。Barton 等人[144]将外磁力简化为一个三次多项式函数,这样就提出了 Duffing 型双稳态能量采集系统。Daqaq[77]研究了这种 Duffing 型双稳态能量采集在 Gauss 白噪声以及色噪声激励下的响应。Zou 等人[145]提出了一种结合了弹性拉伸和磁斥力双稳态特性的受压式能量采集系统。

目前,大多数能量采集系统都采用单自由度的悬臂梁模型,它的外部磁铁通常采用刚性支承方式,悬臂梁自由端围绕外部磁铁双稳态振动。这种双稳态系统通常受到势能垒的限制,当环境激励强度小于势能垒时,压电梁的响应限制在某个势能阱中,无法达到大幅度的双稳态振动,从而降低了能量转化效率。为了克服这一缺陷,一些研究采用了多自由度能量采集系统。Tang 等人[146]提出了一种带有尖端磁铁悬臂梁耦合动态磁斥力的压电式能量系统模型,得到了宽频、大幅的输出功率。Ando 等人[147]提出了一种双向的能量采集系统,它由两个在不同方向运动的悬臂梁组成。因此这种系统能提高环境激励的转化率。Zhou 等人[148]设计了一种由两个相同方向运动的压电悬臂梁组成的双-双稳态能量采集系统,发现在合适的磁间距下,两根压电梁都能够实现双稳态。Yang 等人[149]利用两个磁铁(一个固定,另一个动态,两个磁铁磁极相向)设计了一种双稳态系统,拓宽了能量采集系统的工作频带。

在第 4 章我们研究了受压压电梁双稳态振动特性。本章尝试将受压梁的双稳态特性和磁斥力作用悬臂梁双稳态能量采集系统结合起来,通过将外部磁铁的支撑方式从刚性改变为弹性来降低势能垒,意在保证系统在低激励强度条件下实现较宽频带上的双稳态大幅振动,从而提高能量采集效果。

5.2　模 型 分 析

图 5.1 为一个双稳态模型和一个拥有两个动态磁铁的改进双稳态模型(ABEH)。如图5.1(b)所示,改进的双稳态模型包括两个弹性梁,其中一个是悬臂梁,另一个是受压梁。悬臂

梁的顶端 A 处放置一个磁铁,而在受压梁的跨中 B 处放置另一个磁铁,两个磁铁的磁极相向。这样就可以将传统双稳态能量采集系统(BEH)在 B 处的磁铁固定方式从刚性变为双稳态弹性支撑。

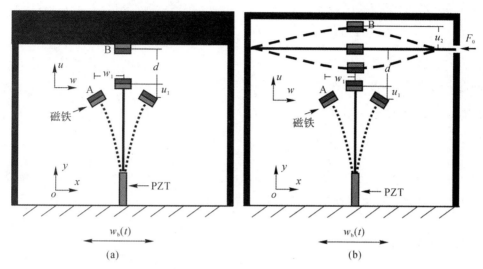

(a)   (b)

图 5.1 双稳态能量采集系统的改进

(a)传统双稳态能量采集系统(BEH); (b)改进后的双稳态能量采集系统(ABEH)

在下面的分析中,下标 1 和下标 2 分别表示悬臂梁和受压梁。因此 E_{k1} 和 E_{k2} 分别表示悬臂梁和受压梁的动能。系统的总动能可以表示为

$$E_k = E_{k1} + E_{k2} =$$

$$\frac{1}{2}\int_0^{L_1} m_1 \left[(\dot{w}_1 + \dot{w}_b)^2 + \dot{u}_1^2 \right] \mathrm{d}y + \frac{1}{2} M_1 \left\{ \left[\dot{w}_1(L_1,t) + \dot{w}_b \right]^2 + \dot{u}_1^2(L_1,t) \right\} +$$

$$\frac{1}{2}\int_0^{L_2} m_2 (\dot{u}_2)^2 \mathrm{d}x + M_2 \dot{u}_2^2(L_2/2,t) \tag{5-1}$$

其中,$(\dot{\ })$ 表示对长度的导数;L_1 和 L_2 分别表示悬臂梁和受压梁的长度;w 和 u 分别表示在 x 方向和 y 方向上的位移;M_1 和 M_2 分别表示磁铁 A 和磁铁 B 的质量;$w_b(t)$ 表示基础激励位移;m_1 和 m_2 分别表示悬臂梁和受压梁单位长度的质量,有

$$\left. \begin{array}{l} m_1 = b\delta_1\rho_1 + b\delta_p\rho_p \left[H\left(y - \dfrac{L_1 - L_p}{2}\right) - H\left(y - \dfrac{L_1 + L_p}{2}\right) \right] \\[2mm] m_2 = \rho_2 b\delta_2 \end{array} \right\} \tag{5-2}$$

其中,δ_1,δ_2 和 δ_p 分别表示悬臂梁、受压梁和压电片的厚度;L_p 表示压电片的长度;ρ_1,ρ_2 和 ρ_p 分别表示悬臂梁、受压梁和压电片的密度;b 表示压电片和梁的宽度;$H(y)$ 是用于表示梁厚度变化的 Heaviside 函数。

考虑机电耦合效应,系统的势能可以表示成

$$U = U_1 + U_2 + W_e + U_m =$$

$$\frac{1}{2}\int_0^{L_1} E_1 I_1 (w''_1)^2 \mathrm{d}y - M_1 g u_1(L_1,t) - \int_0^{L_1} m_1 g u_1 \mathrm{d}s - \frac{1}{2}\int_0^{L_1} \gamma_c V w''_1 \mathrm{d}y + \frac{1}{2} C_p V^2 + U_m +$$

$$\frac{1}{2}\int_0^{L_2} E_2 I_2 (u''_2)^2 \mathrm{d}x + \frac{E_2 A_2}{2L_2}\int_0^{L_2} (u'_2)^2 \mathrm{d}x - \frac{F_0}{2}\int_0^{L_2} (u'_2)^2 \mathrm{d}x + M_2 g u_2(L_2/2,t) +$$

$$\int_0^{L_2} m_2 g u_2 \, dx \qquad (5-3)$$

其中,$(')$ 表示对长度的导数。$E_2 A_2$ 表示拉伸刚度,其中 A_2 是受压梁的横截面面积。F_0 是轴向静力载荷。γ_c 为机电耦合项,可表示成

$$\gamma_c = \frac{E_1 d_{31} b L_P (h_c^2 - h_b^2)}{\delta_1} \times \left[H\left(y - \frac{L_1 - L_p}{2}\right) - H\left(y - \frac{L_1 + L_p}{2}\right) \right]$$

其中 d_{31} 为压电应力常数。C_p 是等效电容且 $C_p = e_{33} b L_p / \delta_p$,$e_{33}$ 为电荷允许常数。$V(t)$ 表示压电片的输出电压。U_m 表示磁铁之间的势能,抗弯刚度 $E_1 I_1$ 表示成

$$E_1 I_1 = \frac{E_1 b \delta_2^3}{12} \left[H(y) - H(y - L_1) - H\left(y - \frac{L_1 - L_p}{2}\right) - H\left(y - \frac{L_1 + L_p}{2}\right) \right] +$$

$$\frac{E_1 b (h_b^3 - h_a^3) + E_p b(h_c^3 - h_b^3)}{3} \left[H\left(y - \frac{L_1 - L_p}{2}\right) - H\left(y - \frac{L_1 + L_p}{2}\right) \right] \qquad (5-4)$$

式中,E_1,E_2 和 E_p 表示基底和压电片的杨氏模量;h_a,h_b 和 h_c 分别表示中性层到钢梁底层,中性层到压电片底层,以及中性层到压电片上表面的距离。受压梁的抗弯刚度 $E_2 J_2$ 表示成 $E_2 I_2 = E_2 b \delta_2^3 / 12$。

非保守力做功可表示成

$$\delta W = -c_1 \int_0^{L_1} \dot{w}_1 \delta w_1 \, dx - c_2 \int_0^{L_2} \dot{u}_2 \delta u_2 \, ds + Q(t) \qquad (5-5)$$

式中,c_1 和 c_2 表示能量损耗的阻尼系数;Q 是电荷输出,电荷输出的变化率可以表示成电流 $\dot{Q} = V/R$。

对于悬臂梁和受压梁,磁铁的质量和位置极其容易引起梁的基础模态振动。因此,在计算过程中只考虑基础模态,而忽略高阶模态的影响。令 ϕ_1 和 ϕ_2 表示悬臂梁和受压梁的第一阶模态。悬臂梁在 y 处的位移可表示成

$$w_1(y,t) = p(t) \psi_1(y) \qquad (5-6)$$

受压梁在 x 处的位移可表示成

$$w_2(x,t) = q(t) \psi_2(x) \qquad (5-7)$$

式中,$p(t)$,$q(t)$ 分别为广义坐标;ψ_1,ψ_2 分别为悬臂梁和受压梁的振型函数。

考虑边界条件,$\psi_1(y)$ 和 $\psi_2(x)$ 可表示成

$$\left. \begin{aligned} \psi_1 &= 1 - \cos\left(\frac{\pi y}{2 L_1}\right) \\ \psi_2 &= \left[1 - \cos(2\pi x / L_2) \right] / 2 \end{aligned} \right\} \qquad (5-8)$$

悬臂梁自由端的转角可以近似表示成

$$\theta = \arcsin[w'_1(L,t)] \qquad (5-9)$$

并且它的轴向位移可以表示成

$$u_1 = \frac{1}{2} \int_0^y [w'_1(\zeta,t)]^2 \, d\zeta \qquad (5-10)$$

如图 5.2 所示,为了计算磁力,可以将永磁铁看作磁偶极子,图中的圆圈 A′,B′ 代表不稳定的平衡位置。根据几何关系,从磁铁 B 到磁铁 A 的向量 r_{BA} 可表示成

$$r_{BA} = p \hat{e}_x - (d + u_1 + q) \hat{e}_y \qquad (5-11)$$

其中,$\hat{e}_x$,$\hat{e}_y$ 分别是平行和垂直于 x 轴的单位向量。磁偶矩依赖于磁铁的体积,可表示成

$$\boldsymbol{\mu} = \boldsymbol{M} V_m \qquad (5-12)$$

式中，M 表示磁铁材料的磁化强度；V_m 表示磁铁的体积。磁化强度 M 依赖于材料的剩磁强度 B_r，$M = \dfrac{B_r}{\mu_0}$，其中 $\mu_0 = 4\pi \times 10^{-7}$ H/m，为真空磁导率。

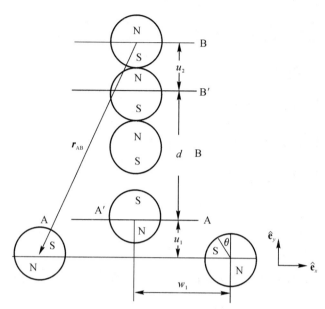

图 5.2　磁偶极子的几何示意图

基于正交分解，磁矩向量可分解为

$$\left.\begin{aligned}
\boldsymbol{\mu}_A &= M_A V_{mA}\sin\theta\hat{\boldsymbol{e}}_x + M_A V_{mA}\cos\theta\hat{\boldsymbol{e}}_y \\
\boldsymbol{\mu}_B &= -M_B V_{mB}\hat{\boldsymbol{e}}_y
\end{aligned}\right\} \tag{5-13}$$

磁偶极子 B 作用在磁偶极子 A 上的磁场表示为

$$\boldsymbol{B}_{BA} = -\frac{\mu_0}{4\pi}\nabla\frac{\boldsymbol{\mu}_B \cdot \boldsymbol{r}_{BA}}{\mid \boldsymbol{r}_{BA}\mid^2} \tag{5-14}$$

其中，$\mid\cdot\mid$ 和 ∇ 分别表示向量的模和梯度算子。因此，磁场的势能可以写成

$$U_m = -\boldsymbol{\mu}_A \cdot \boldsymbol{B}_{BA} = \frac{\mu_0}{4\pi}\boldsymbol{\mu}_A\left[\frac{\boldsymbol{\mu}_B}{\mid \boldsymbol{r}_{BA}\mid^3} - \frac{3(\boldsymbol{\mu}_B \cdot \boldsymbol{r}_{BA}) \cdot \boldsymbol{r}_{BA}}{\mid \boldsymbol{r}_{BA}\mid^5}\right] \tag{5-15}$$

相应地，等效磁力可以写作

$$\left.\begin{aligned}
f_{12}(p) &= \frac{\partial U_m}{\partial p} \\
f_{21}(q) &= \frac{\partial U_m}{\partial q}
\end{aligned}\right\} \tag{5-16}$$

根据 Lagrange 原理，这种改进的双稳态能量采集系统可表示成

$$\left.\begin{aligned}
&N_1\ddot{p} + N_2(p\dot{p}^2 + p^2\ddot{p}) + f_{12} + N_3\dot{p} + N_4 p + N_5 V - N_6\ddot{w}_b(t) = 0 \\
&C\dot{V} + \frac{V}{R} - N_5\dot{p} = 0 \\
&N_7\ddot{q} + N_8 q + N_9 q^3 + f_{21} + N_{10}q + N_{11} = 0
\end{aligned}\right\} \tag{5-17}$$

其中　　　　　$N_1 = \displaystyle\int_0^{L_1} m_1\psi_1^2 \mathrm{d}x + M_1$

$$N_2 = m_1 \int_0^{L_1} \left(\int_0^y {\psi'}_1^2 \, \mathrm{d}y \right)^2 \mathrm{d}y + M_1 \left(\int_0^{L_1} {\psi'}_1^2 \, \mathrm{d}y \right)^2$$

$$N_3 = c_1 \int_0^{L_1} \psi_1^2 \, \mathrm{d}y$$

$$N_4 = E_1 I_1 \int_0^{L_1} {\psi''}_1^2 \, \mathrm{d}y - M_1 g \int_0^{L_1} {\psi'}_1^2 \, \mathrm{d}y - \int_0^{L_1} m_1 g \int_0^y {\psi'}_1^2 \, \mathrm{d}y \mathrm{d}y$$

$$N_5 = \int_0^{L_1} \gamma_c \psi''_1 \, \mathrm{d}y$$

$$N_6 = \int_0^{L_1} m_1 \psi_1 \, \mathrm{d}x + M_1$$

$$N_7 = \int_0^{L_2} m_2 \psi_2^2 \, \mathrm{d}x + M_2, \quad N_8 = E_2 I_2 \int_0^{L_2} {\psi''}_2^2 \, \mathrm{d}x - F_0 \int_0^{L} {\psi'}_2^2 \, \mathrm{d}x$$

$$N_9 = \frac{E_2 b \delta_2}{2 L_2} \left(\int_0^{L_2} {\psi'}_1^2 \, \mathrm{d}x \right)^2$$

$$N_{10} = c_2 \int_0^L \psi_2^2 \, \mathrm{d}x$$

$$N_{11} = M_2 g + \int_0^{L_2} m_2 \psi_2 \, \mathrm{d}x \cdot g$$

当 $u_2 = 0$ 时,受压梁从一个弹性支撑转变为一个刚性支撑,这样就得到传统的双稳态能量采集系统的控制方程:

$$\left. \begin{aligned} N_1 \ddot{p} + N_2 (p\dot{p}^2 + p^2 \ddot{p}) + f_{12}(p, q = 0, t) + N_3 \dot{p} + N_4 p + N_5 V - N_6 a(t) = 0 \\ C\dot{V} + \frac{V}{R} - N_5 \dot{p} = 0 \end{aligned} \right\}$$

$$(5-18)$$

系统的稳定性是由磁铁 A 和磁铁 B 的相对位置来决定的。根据表 5-1 给出的数值,图 5.3(a)给出了机械势能函数与磁铁 A 和 B 间距的关系,图中的机械势能是弹性梁势能和磁铁势能的总和。通过式(5-3)和式(5-5)可以看出,势能垒是由磁铁 A 和磁铁 B 之间的相对位移决定的。当磁铁 A 趋于磁铁 B 时,它们之间的磁力逐渐增大以至于受压梁可以从下面的平衡位置跳跃到上面的平衡位置,这样就避免了磁铁之间的强磁耦合。因此,如图 5.3(b)所示,ABEH 的势能垒会由于磁铁之间的耦合作用的减小而降低。

表 5-1　改进双稳态压电能量采集系统的结构和材料参数

参数	符号/单位	数值
悬臂梁的长度	L_1/m	0.2
受压梁的长度	L_2/m	0.15
压电片的长度	L_p/m	0.02
梁的宽度	b/m	0.02
悬臂梁的厚度	δ_1/m	0.000 8
受压梁的厚度	δ_2/m	0.000 8
压电片的厚度	$\delta_\mathrm{p}/\mathrm{m}$	0.000 8
压电片的密度	$\rho_1/(\mathrm{kg} \cdot \mathrm{m}^{-3})$	2 270

续 表

参数	符号/单位	数值
基底的密度	$\rho_2/(\text{kg}\cdot\text{m}^{-3})$	7 800
悬臂梁的杨氏模量	E_1/GPa	210
压电片的杨氏模量	E_p/GPa	40
受压梁的杨氏模量	E_2/GPa	69
压电梁的阻尼系数	$c_1/(\text{N}\cdot\text{s}\cdot\text{m}^{-1})$	0.1
受压梁的阻尼系数	$c_2/(\text{N}\cdot\text{s}\cdot\text{m}^{-1})$	0.1
机电耦合系数	$d_{31}/(\text{C}\cdot\text{N}^{-1})$	-280×10^{-12}
介电允许常数	$e_{33}/(\text{F}\cdot\text{m}^{-1})$	3×10^{-8}
磁化强度向量	$(\boldsymbol{M}_A,\boldsymbol{M}_B)/(\text{A}\cdot\text{m}^{-1})$	0.995×10^6
磁铁的质量	$(M_1,M_2)/\text{kg}$	0.012
磁铁的体积	$(V_A,V_B)/\text{m}^3$	$\pi\times0.012\times0.005$
重力加速度	$g/(\text{m}\cdot\text{s}^{-2})$	9.81

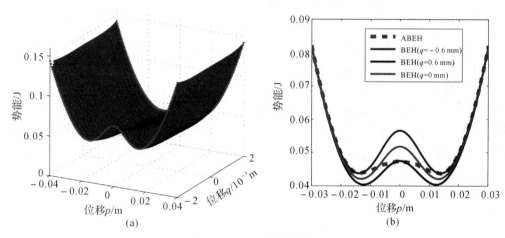

图 5.3　ABEH 的弹性势能

（a）三维势能；　（b）二维势能

　　基于前面关于磁铁势能函数,通过方程式(5-16)得到相应的磁力表达式。图 5.4 分别给出了磁力在相应的 x 方向和 y 方向上的分量 f_{12} 和 f_{21}。显然,当受压梁向正方向移动($q>0$),即磁铁之间的相对距离变远时,磁铁 A 和磁铁 B 之间的耦合力变弱。相反地,当受压梁向负方向移动($q<0$),即磁铁之间的相对距离变近时,磁铁 A 和磁铁 B 之间的耦合力变强。这些与我们所知道的磁铁斥力知识相一致。下面我们要对比改进的双稳态能量采集系统和传统的双稳态能量采集系统在谐波激励和随机激励下的响应。

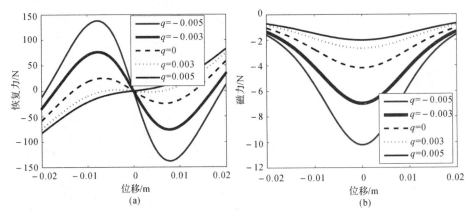

图 5.4 磁耦合力

(a)x 方向； (b)y 方向

5.3 数 值 模 拟

5.3.1 谐波激励下的响应

在本节,我们采用数值方法比较传统双稳态能量采集系统和改进后的双稳态能量采集系统(ABEH)在扫频激励下的动力学响应和电压输出(BEH)。

在模拟的过程中,基础激励被设定为 $\ddot{w}_b(t)=a_0\sin(2\pi ft)$,其中 a_0 是激励的幅度,f 表示激励的频率,单位是 Hz。扫频加速度大小分别设定为 $a_0=2$ m/s^2 和 $a_0=4$ m/s^2,频带的宽度范围设定为 $0\sim25$ Hz。对控制方程式(5-17)和式(5-18)分别采用数值方法求解。系统的结构材料参数见表 5-1,磁铁之间的初始距离 $d=0.02$ m。图 5.5 和图 5.6 展示了模拟结果,动力学响应主要为悬臂梁顶端磁铁的位移。通过对比图 5.5 和图 5.6 可知,改进后的系统无论在电压幅度和频带宽度上都超过了传统的双稳态能量采集系统。

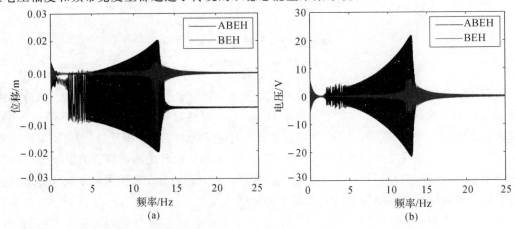

图 5.5 扫频激励下的动力学响应和输出电压 ($a_0 = 2$ m/s^2)

(a)位移； (b)电压

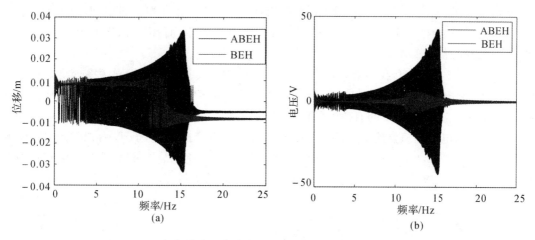

图 5.6　扫频激励下的动力学响应和输出电压($a_0 = 4\ \mathrm{m/s^2}$)

(a) 位移；　(b) 电压

图 5.7 为 $a_0 = 2\ \mathrm{m/s^2}$ 时，随激励频率变化的稳态输出电压。从图中可以看出，当 $f < 9\ \mathrm{Hz}$ 时，ABEH 比 BEH 输出更多的电压。可以看到在整个频带上，ABEH 和 BEH 都有很多个峰值。其中，BEH 的峰值出现在 10.5 Hz 和 22.5 Hz；而 ABEH 的峰值出现在 9 Hz 和 16.5 Hz。

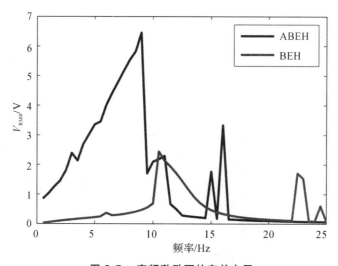

图 5.7　定频激励下的有效电压

图 5.8～图 5.11 分别为当激励频率为 9 Hz，10.5 Hz，16.5 Hz 和 22.5 Hz 时的相平面图和频谱图。首先当 $f = 9\ \mathrm{Hz}$ 时，我们看到 BEH 的运动轨迹限制在一个势能阱中，而 ABEH 系统中出现大幅的双阱运动。当激励频率增大到 $f = 10.5\ \mathrm{Hz}$ 时，BEH 进入混沌状态，系统开始围绕两个平衡点做不规则的运动。从相应的频谱当中可以发现 ABEH 运动的主要频率成分为 3.5 Hz，即激励频率的 1/3。紧接着，当激励频率继续增大到 $f = 16.5\ \mathrm{Hz}$ 时，ABEH 经历了大幅的双阱运动，而 BEH 为小幅单阱运动。值得注意的是，ABEH 的运动主要集中在 5.5 Hz(即激励频率的 1/3 处)，而 BEH 出现同步响应。因此，ABEH 可以通过亚谐共振来产

生大幅振动。最终在 $f=22.5$ Hz 处,相比 ABEH,尽管 BEH 产生单阱运动,但仍然产生较大的电压幅值。通过频谱图可以看到,ABEH 的响应与激励同步,而 BEH 出现了亚谐共振,产生了较大的振动幅值。

关于 ABEH 和 BEH,我们对系统参数做了一些调整,使得它们在相同频率处出现峰值电压。图 5.12 给出了随激励频率变化的稳态输出电压。从图中可以看出,两种系统的峰值出现在 $f=9$ Hz 处,但是 ABEH 的有效电压比 BEH 的电压要高很多。在 $f=9$ Hz 时相应的波形图中,ABEH 的电压幅值要比 BEH 高。另外,通过对比两者的半功率带宽可以发现,BEH 的带宽是 $\Delta f=1.5$ Hz,而 ABEH 的带宽则是 $\Delta f=2.75$ Hz。这些结果表明,改进后的双稳态能量采集系统在谐波激励下的表现优于传统的双稳态能量采集系统。

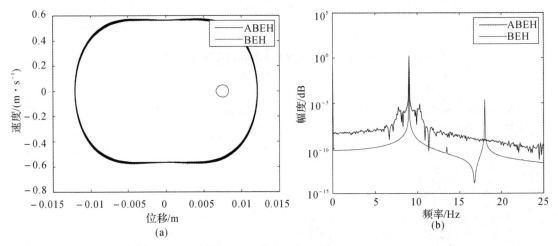

图 5.8　$f=9$ Hz 时的时间响应

(a)相轨迹图;　(b)频谱图

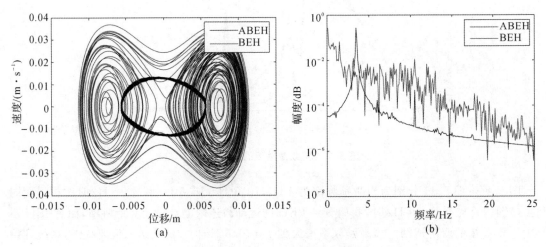

图 5.9　$f=10.5$ Hz 时的时间响应

(a)相轨迹图;　(b)频谱图

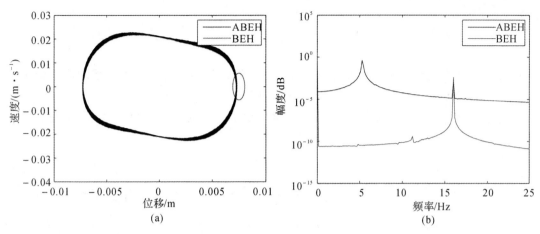

图 5.10 $f = 16.5$ Hz 时的时间响应

（a）相轨迹图； （b）频谱图

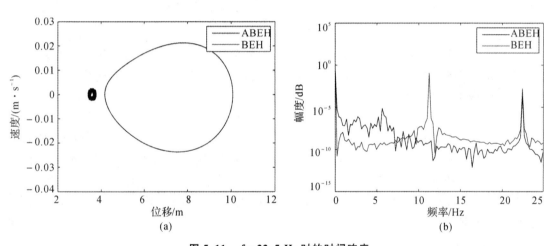

图 5.11 $f = 22.5$ Hz 时的时间响应

（a）相轨迹图； （b）频谱图

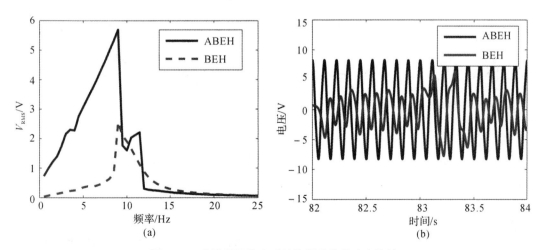

图 5.12 改进后双稳态系统和原系统的响应比较

（a）频率电压响应； （b）波形图（$f = 9$ Hz）

5.3.2 随机激励下的响应

为了对比两种系统在宽频随机激励下的响应,假设外部激励 $w_b(t)$ 为零均值宽带平稳 Gauss 白噪声过程 $a(t)$,σ_a 为 Gauss 白噪声的标准差。

压电能量采集系统的效率可以通过 RMS 电压或者能量转换率来判断,其中,能量转化率可以表示成

$$\eta = \frac{P_e}{P_m} \times 100\% \qquad (5-19)$$

式中,P_e,P_m 分别是电能和机械能的有效功率值。有效功率值可以通过下式获得:

$$p = \sqrt{\frac{1}{t}\int_0^t (p^{ins})^2 dt} \qquad (5-20)$$

式中,p^{ins} 为瞬时功率;t 表示时间。能量采集系统的瞬时功率可以定义成 $p_e^{ins} = VI = \frac{V^2}{R}$,其中 I 为电流。而瞬时的机械能功率可以表示成 $p_m^{ins} = \frac{N_6}{N_1} a(t)\dot{p}$[150]。

根据表 5-1 中的参数,采用 Euler-Maruyama 和蒙特卡洛方法进行随机激励下的数值模拟。图 5.13 和图 5.14 给出了激励强度增加时的动力学响应、输出电压、能量转化率和功率。图 5.13 为信噪比曲线(SNR$=\sigma_p/\sigma_a$,其中 σ_p,σ_a 分别是激励和响应的标准差)和 RMS 电压。在图中,值得注意的是,峰值对应的噪声强度就是发生相干共振的临界激励强度,在此处系统可以实现势能阱之间的跳跃。可以看到,ABEH 的信噪比峰值出现在 $\sigma_a=0.06g$ 处,然而 BEH 的信噪比峰值出现在 $\sigma_a=0.18g$ 处,这意味着 ABEH 可以在弱强度激励下实现相干共振。如图 5.14(a) 所示,当相干共振发生时,系统将宽频的环境能量集中输出,此时的能量转化效率较高。图 5.13(b) 和图 5.14(b) 表明在相同的随机激励强度下,ABEH 比 BEH 输出更多的有效电压和输出功率。

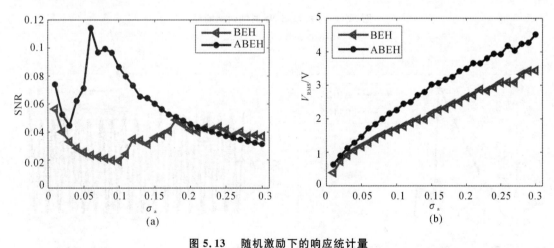

图 5.13   随机激励下的响应统计量

(a) 信噪比; (b) 有效输出电压

图 5.15 和图 5.16 分别给出了激励强度 $\sigma_a=0.07g$ 和 $\sigma_a=0.3g$ 时的位移和电压时间历程

图以及功率谱密度(PSD)图。从结果中可以看出,在 $\sigma_a = 0.07g$ 时 BEH 的响应限制在单个的势能阱当中,而 ABEH 中可以实现势能阱之间的跳跃。因此,ABEH 可以实现较高的峰值电压,即 $V_{max} = 9.2$ V,而 BEH 的峰值电压只有 $V_{max} = 6.1$ V。图 5.15(c)(d) 给出了位移和电压的频谱,图中表明 ABEH 输出响应的能量密度高于 BEH。当激励的强度增大到 $\sigma_a = 0.3g$ 时,图 5.16 表明 ABEH 和 BEH 都实现了阱间跳跃,即相干共振。由于 ABEH 的势能垒较低,由此引起频繁的阱间振动以及大幅位移响应,从而输出更多的电压。ABEH 的优势可以从有效输出电压看出,BEH 的有效输出电压是 $V_{RMS}^{BEH} = 3.5$ V,而 ABEH 的有效输出电压则为 $V_{RMS}^{ABEH} = 4.5$ V。基于上面的分析,可以看出改进后的双稳态能量采集系统在随机激励下的表现也优于传统的双稳态能量采集系统。

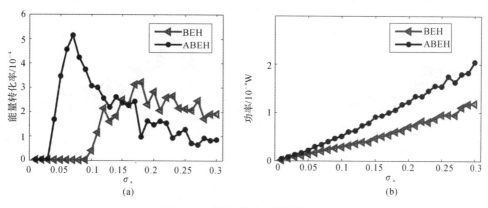

图 5.14　随机激励下的能量输出

(a)能量转化效率；　(b)有效输出功率

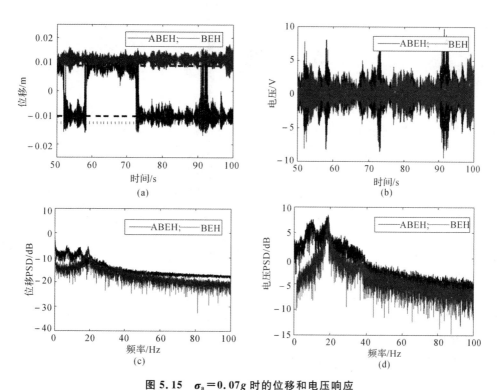

图 5.15　$\sigma_a = 0.07g$ 时的位移和电压响应

(a)位移；　(b)电压；　(c)位移的 PSD 图；　(d)电压的 PSD 图

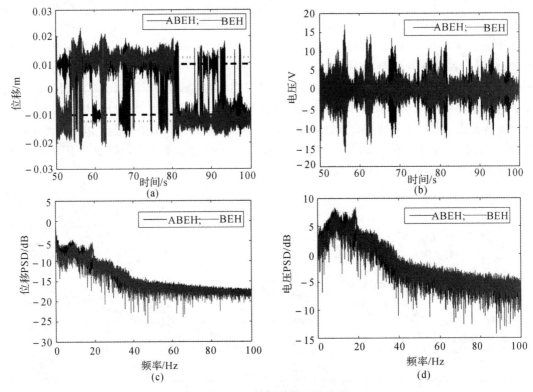

图 5.16 $\sigma_a = 0.3g$ 时的位移和电压响应

(a)位移； (b)电压； (c)位移的 PSD 图； (d)电压的 PSD 图

5.4 结　　论

本章提出了一种改进的双稳态能量采集系统。该系统通过改变磁铁的固定方式,有效地降低了势能垒。首先,根据广义 Hamilton 原理得到了振动控制方程。然后,开展了谐波激励和随机激励下的数值模拟。根据所得到的数值结果,得到了以下结论:

(1)与传统双稳态能量采集系统类似,这种改进的双稳态能量采集系统也存在两个稳定的平衡点。通过增加一个固支受压梁,磁铁的固定方式从刚性支撑变成动态变化的弹性支撑。这一措施有效地降低了传统双稳态系统的势能垒,增加了发生阱间振动的频率。

(2)改进后的双稳态系统拓宽了传统双稳态系统工作带宽。因此在扫频激励下,ABEH可以在更宽的频带上实现大幅响应输出。改进后的能量采集系统可以利用亚谐共振,在高频激励下输出大幅的低频响应。

(3)在同一强度随机激励下,改进后的能量采集系统的电压和功率输出都要高于传统的双稳态能量采集系统。特别是改进后的双稳态能量采集系统,能在低强度随机激励情形下开始阱间跳跃并且产生大幅电压。由于相干共振的作用,改进后的双稳态能量采集系统的转化率以及能量采集效率都要比传统双稳态系统高。

第6章 三稳态能量采集系统的相干共振与动力学行为

6.1 引　　言

近年来,一些研究者通过非线性特性提高振动能量采集装置的采集效率,特别是将单稳态[76,85]和双稳态[58-59,89,93]非线性的特点引入能量采集装置的设计当中,拓展了系统的工作频带。Gafforelli 等人[64]用实验研究了带有单稳态特性的固支梁能量采集系统,结果表明硬弹簧非线性使系统的工作频带变宽。双稳态能量采集系统由于可以从一个平衡点跳跃到另一个平衡点,从而产生较大的功率而受到重视。Stanton 等人[61]研究了一类带有磁斥力双稳态的能量采集系统。Erturk 等人[65]通过谐波平衡理论和实验研究了双稳态能量采集系统高能轨道。Zhao 等人[80]比较了单稳态和双稳态能量采集系统在宽频随机激励下的优劣,结果表明双稳态能量采集系统在发生阱间跳跃的临界处能够产生更多能量。

最近,更多悬臂梁式磁耦合的多稳态能量采集系统被提出。Kim 等人[151]利用数值方法研究了多稳态能量采集系统中的分岔现象。Zhou 等人[152-154]通过实验方法得到了三稳态能量采集系统的恢复力,并且通过数值仿真发现三稳态能提高能量采集系统在低频的环境激励下的工作带宽。他们还讨论了势能阱的深度对系统响应的影响,发现浅势能阱能提高低频激励下的响应输出。Jung 等人[155]建立了 Zhou 模型的分布参数形式,结果表明该模型可以预测系统在谐波激励下的响应。Tékam 等人[156]考虑了分数阶阻尼的影响,分析了考虑压电黏弹性材料特性的三稳态能量采集系统的动力学行为。

由于环境激励的带宽会影响能量采集器的特性,一些研究者研究了随机激励作用下的能量采集系统响应。一些随机方法,如矩微分方程法[85]、随机等效线性化法[86]和随机平均法[87]等都被用来分析系统的响应。Litak 等人[79]研究了一类磁耦合的双稳态能量采集系统,发现一定强度的 Gauss 白噪声随机激励可以增大能量采集系统的功率输出。

对于非线性双稳态系统,当微弱周期力和随机激励共同作用时,信噪比会在随机强度增大到一定程度时出现峰值,这一现象被一些研究者称为随机相干共振[95]。本章针对传统磁铁斥力双稳态能量采集系统,通过改变外磁铁个数改变磁场并实现平衡点个数的增加。该系统能有效降低传统双稳态系统的势能垒,所以依据相干共振原理,三稳态能量采集系统能够更加高效地集中输出能量。

6.2　模型分析

如图 6.1(a) 所示,三稳态能量采集系统由贴有压电片的悬臂梁和多个外磁铁构成。压电片的厚度为 δ_1,悬臂钢梁的厚度为 δ_2。外磁力场通过悬臂梁顶端的磁铁 A,夹具上的磁铁 B、C 相互作用产生。通过调节磁铁之间的间距 a 和 d,系统出现多种稳态的势能。

假设压电悬臂梁动能可以写成

$$T = \frac{1}{2}m\int_0^L (\dot{w} + \dot{Y})^2 \, \mathrm{d}s \tag{6-1}$$

式中,L 是压电梁的长度;$Y(t)$ 为所受到的环境激励;m 是单位长度的质量且

$$m = b\delta_1\rho_1 + b\delta_2\rho_2 \times \left[H\left(s - \frac{L - L_p}{2}\right) - H\left(s - \frac{L + L_p}{2}\right) \right]$$

式中,L_p 是压电片的长度;ρ_1 和 ρ_2 分别为压电层和悬臂梁密度;b 是梁和压电层的宽度;$H(s)$ 是 Heaviside 函数,用来表示压电梁厚度变化过程,s 表示位置坐标。

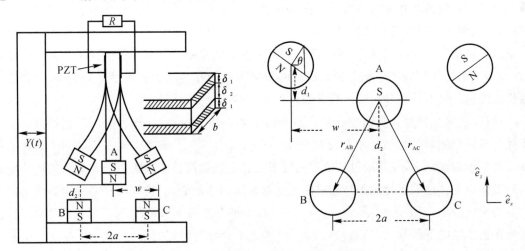

图 6.1　三稳态能量采集系统示意图

(a) 结构模型;　(b) 磁耦合极子示意图

考虑机电耦合,压电梁的总势能可以表示成

$$U = \frac{1}{2}\int_0^L EI\,(w'')^2\,\mathrm{d}s - \frac{1}{2}\int_0^L \gamma_c V w''\,\mathrm{d}s + \frac{1}{2}C_p V^2 + U_m \tag{6-2}$$

式中,γ_c 为压电耦合项,$\gamma_c = E_1 d_{31} b(\delta_1 + \delta_2)\left[H\left(y - \frac{L_1 - L_p}{2}\right) - H\left(y - \frac{L_1 + L_p}{2}\right) \right]$,其中 d_{31} 为压电应力常数;C_p 是等效电容,$C_p = e_{33}bL/\delta_1$,其中 e_{33} 为电荷允许常数;U_m 为由磁铁导致的势能;EI 为压电梁的抗弯刚度,可表示成

$$EI = \frac{E_2 b\delta_2^3}{12}\left[H(s) - H(s - L) - H\left(s - \frac{L - L_p}{2}\right) - H\left(s - \frac{L + L_p}{2}\right) \right] +$$

$$\frac{E_2 b(h_p^3 - h_a^3) + E_1 b(h_c^3 - h_b^3)}{3}\left[H\left(s - \frac{L - L_p}{2}\right) - H\left(s - \frac{L + L_p}{2}\right) \right] \tag{6-3}$$

式中，E_1，E_2 分别是压电层以及钢梁的杨氏模量；h_a，h_b 和 h_c 分别表示中性层到钢梁底层，中性层到压电片底层，以及中性层到压电片上表面的距离。

非保守力做功可表示成

$$\delta W = -\int_0^L c\dot{w}\delta w\mathrm{d}s + Q(t)\delta V \qquad (6-4)$$

式中，c 是阻尼系数；Q 是电荷输出，电荷输出的变化率可以表示成电流 $\dot{Q}=V/R$。

由于基础模态是系统响应的主要组成部分，因此根据单模态假设，横向位移可表示成

$$w = X\psi(s) \qquad (6-5)$$

其中，X 为模态坐标；$\psi(s)$ 为振型函数。根据悬臂梁一端固支、一端自由的边界条件，振型函数可写成

$$\psi(s) = \left[1 - \cos\left(\frac{\pi s}{2L}\right)\right] \qquad (6-6)$$

将式(6-5)和式(6-6)代入式(6-1)、式(6-2)和式(6-4)中，系统的动能和势能可写成

$$
\left.
\begin{aligned}
T &= \frac{1}{2}m\int_0^L (\dot{X}^2\psi^2 + 2\dot{X}\dot{Y}\psi + \dot{Y}^2)\mathrm{d}s \\
U &= \frac{EI}{2}\int_0^L (X\psi'')^2\mathrm{d}s - \frac{1}{2}\int_0^L \gamma_c V(X\psi'')\mathrm{d}s + \frac{1}{12}C_p V^2 + U_m \\
\delta W &= -\int_0^L c\dot{X}\psi^2\delta X\mathrm{d}s + Q(t)\delta V
\end{aligned}
\right\}
\qquad (6-7)
$$

弹性梁的旋转角度可写成

$$\theta = \arcsin\left[w'(L,t)\right] \qquad (6-8)$$

弹性梁的轴向位移可表示为

$$d_1 = \frac{1}{2}\int_0^s \left[w'(\zeta,t)\right]^2\mathrm{d}\zeta \qquad (6-9)$$

如图 6.1(b) 所示，将磁铁简化为磁偶极子，并以此来获得悬臂梁尖端磁铁和外磁铁之间的磁力耦合情况。根据磁铁 A，B 和 C 之间的几何关系，磁铁 B 和 C 在磁铁 A 处的磁流密度可以表示成

$$
\left.
\begin{aligned}
\boldsymbol{r}_{BA} &= (X-a)\hat{\boldsymbol{e}}_x - (d_1+d_2)\hat{\boldsymbol{e}}_z \\
\boldsymbol{r}_{CA} &= (X+a)\hat{\boldsymbol{e}}_x - (d_1+d_2)\hat{\boldsymbol{e}}_z
\end{aligned}
\right\}
\qquad (6-10)
$$

磁矩向量 $\boldsymbol{\mu}$ 依赖于磁铁的体积[61]，可表示成

$$\boldsymbol{\mu} = \boldsymbol{M}V \qquad (6-11)$$

其中，$\boldsymbol{M}$ 表示磁铁材料的磁化强度，V 表示磁铁的体积。磁化强度 $\boldsymbol{M}$ 依赖于材料的剩磁强度 $\boldsymbol{B}_r$，有 $\boldsymbol{M}=\dfrac{\boldsymbol{B}_r}{\mu_0}$，其中 $\mu_0 = 4\pi \times 10^{-7}$ H/m 为真空磁导率。

基于正交分解，磁矩向量可分解为

$$
\left.
\begin{aligned}
\boldsymbol{\mu}_A &= \boldsymbol{M}_A V_A \sin\theta\hat{\boldsymbol{e}}_x + \boldsymbol{M}_A V_A \cos\theta\hat{\boldsymbol{e}}_z \\
\boldsymbol{\mu}_B &= -\boldsymbol{M}_B V_B\hat{\boldsymbol{e}}_z \\
\boldsymbol{\mu}_C &= -\boldsymbol{M}_C V_C\hat{\boldsymbol{e}}_z
\end{aligned}
\right\}
\qquad (6-12)
$$

磁铁 B，C 作用到磁铁 A 处的磁场可表示成

$$\boldsymbol{B}_{BA} = -\frac{\mu_0}{4\pi}\nabla\frac{\boldsymbol{\mu}_B \cdot \boldsymbol{r}_{BA}}{|\boldsymbol{r}_{BA}|^3}, \quad \boldsymbol{B}_{CA} = -\frac{\mu_0}{4\pi}\nabla\frac{\boldsymbol{\mu}_C \cdot \boldsymbol{r}_{CA}}{|\boldsymbol{r}_{CA}|^3} \qquad (6-13)$$

其中，|·|和∇分别表示向量的模和梯度算子。磁场的势能可以表示成

$$U_m(X) = -\boldsymbol{\mu}_A \cdot \boldsymbol{B}_{BA} - \boldsymbol{\mu}_A \cdot \boldsymbol{B}_{CA} = \frac{\mu_0}{4\pi}\boldsymbol{\mu}_A \left\{ \left[\frac{\boldsymbol{\mu}_B}{|\boldsymbol{r}_{BA}|^3} - \frac{(\boldsymbol{\mu}_B \boldsymbol{r}_{BA})3\boldsymbol{r}_{BA}}{|\boldsymbol{r}_{BA}|^5} \right] + \right.$$

$$\left. \left[\frac{\boldsymbol{\mu}_C}{|\boldsymbol{r}_{CA}|^3} - \frac{(\boldsymbol{\mu}_C \boldsymbol{r}_{CA})3\boldsymbol{r}_{CA}}{|\boldsymbol{r}_{CA}|^5} \right] \right\} \qquad (6-14)$$

相应的非线性系统恢复力可表示为

$$F_m(X) = \frac{\partial U(X)}{\partial X} \qquad (6-15)$$

根据 Lagrange 原理可以得到机电耦合动力学控制方程为

$$\left. \begin{array}{c} M\ddot{X} + \xi\dot{X} + KX + \theta V - F_m = -\gamma\ddot{Y} \\ \dot{V} + \eta V - \lambda\dot{X} = 0 \end{array} \right\} \qquad (6-16)$$

其中 $\quad M = m\int_0^L \psi^2 ds, \quad \xi = c\int_0^L \psi^2 ds, \quad K = EI\int_0^L (\psi'')^2 ds, \quad \theta = \int_0^L \gamma_c \psi'' ds$

$$\gamma = m\int_0^L \psi ds, \quad \eta = \frac{1}{C_p R}, \quad \lambda = \frac{\int_0^L \gamma_c \psi'' ds}{2C_p}$$

6.3　数值模拟

根据表 6-1 中的参数可知，系统的稳定性显著地受到磁铁位置的影响。图 6.2(a) 表明随着参数 a 和 d_2 的变化，系统的稳态数目发生明显的变化。当 d_2 大到一定程度时，磁铁 A 受到磁铁 B,C 的影响很小，此时系统呈现拟线性特性。图 6.2(b) 给出了随着磁铁距离 a 变化的势能函数。当两个磁铁 B,C 之间的距离为零时，系统为经典的双稳态能量采集系统。随着磁铁 B,C 之间距离 a 的增大，系统由双稳态能量采集系统逐渐变为三稳态能量采集系统。

表 6-1　三稳态能量采集系统的结构和材料参数

参数	符号/单位	数值
压电梁的长度	L/m	0.125
压电片的长度	L_p/m	0.015
压电梁的宽度	b/m	0.016
压电片的厚度	δ_1/m	0.000 2
压电梁基底的厚度	δ_2/m	0.000 75
压电片的密度	$\rho_1/(kg \cdot m^{-3})$	2 270
压电梁基底的密度	$\rho_2/(kg \cdot m^{-3})$	7 800
压电片的弹性模量	E_1/GPa	40
压电梁基底的弹性模量	E_2/GPa	210
阻尼系数	$c/(N \cdot s \cdot m^{-1})$	20
压电耦合常数	$d_{31}/(C \cdot N^{-1})$	-240×10^{-12}

续 表

参数	符号/单位	数值
电荷容许常数	$e_{33}/(\mathrm{F} \cdot \mathrm{m}^{-1})$	1.2×10^{-8}
磁偶向量	$(\boldsymbol{M}_A, \boldsymbol{M}_B, \boldsymbol{M}_C)/(\mathrm{A} \cdot \mathrm{m}^{-1})$	0.995×10^{6}
磁铁体积	V_M/m^3	$\pi \times 0.01^2 \times 0.005$
重力加速度常数	$g/(\mathrm{m} \cdot \mathrm{s}^{-2})$	9.81

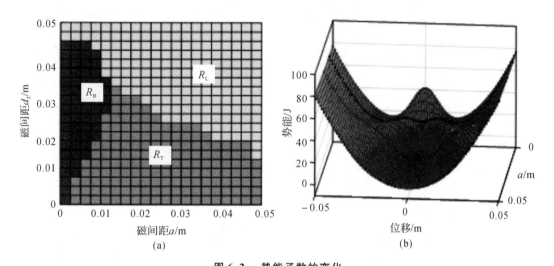

图 6.2　势能函数的变化

(a)参数域:R_L 为拟线性,R_B 为三稳态,R_T 为双稳态;　(b)$d_2 = 0.02$ m 时关于 a 的势能函数

图 6.3(a) 给出了 $a = 0$ m,$d_2 = 0.015$ m 时的双稳态势能函数以及 $a = 0.015$ m,$d_2 = 0.015$ m 时的三稳态势能函数。可以看出,三稳态系统的势能垒高度低于双稳态系统,即 $\Delta U_2 < \Delta U_1$,并且三稳态系统中最大的势能阱宽度要大于双稳态系统。因此,三稳态更容易在较低强度的激励下产生阱间跳跃。图 6.3(b) 给出了线性、拟线性、双稳态以及三稳态情形下的恢复力。下面将主要讨论双稳态系统和三稳态系统的输出响应。

6.3.1　谐波激励下的响应

假设激励为谐波形式 $\ddot{Y} = \hat{a}\sin(\omega t)$,其中,$\hat{a}$ 和 ω 分别代表激励的幅值和角频率。方程式 (6-16) 使用 Runge-Kutta 方法进行求解。结构参数和材料参数见表 6-1。如图 6.4 所示,当加速度为 $\hat{a} = 0.3g$ 时,随着激励频率变化,双稳态系统和三稳态系统呈现出截然不同的两种特性。图 6.4(a) 中,RMS 电压曲线的峰值分别对应双稳态和三稳态系统的高能运动。图 6.4(b)(d) 为系统在三个特定频率下的相平面图。三稳态系统处于低频激励情形时,围绕三个平衡点做大幅的周期运动,而此时双稳态系统却呈现出阱内的小幅振动。当激励的频率增大到 20 Hz 时,双稳态和三稳态系统都能实现阱间跳跃,产生大幅输出电压。当激励的频率增大到 30 Hz 时,两种系统都只存在阱内运动,限制了大幅响应和输出电压。

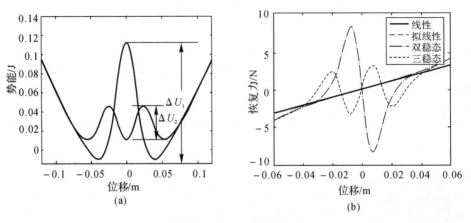

图 6.3　静态力学特性

（a）势能函数；　（b）恢复力

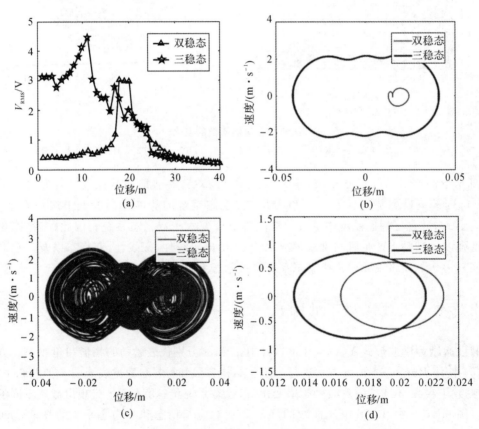

图 6.4　双稳态能量采集系统和三稳态能量采集系统的响应

（a）有效电压；（b）10 Hz 相图；（c）20 Hz 相图；（d）30 Hz 相图

6.3.2　随机激励下的响应

为了研究系统在宽频随机激励下的响应,将外部激励 $\ddot{Y}(t)$ 设定为零均值宽频平稳 Gauss 白噪声过程,并表示成 $f(t)$,它的标准差表示成 σ_f。

压电能量采集系统的效率可以通过 RMS 电压或者能量转换率来判断,其中能量转化率可表示成

$$\eta = \frac{P_e}{P_m} \times 100\% \qquad (6-17)$$

其中,P_e,P_m 分别是电能和机械能的有效功率值。有效功率值可以通过下式获得:

$$p = \sqrt{\frac{1}{t} \int_0^t (p^{\text{ins}})^2 \, \mathrm{d}t} \qquad (6-18)$$

其中,p^{ins} 为瞬时功率,t 表示时间。能量采集系统的瞬时功率可以定义成 $p_e^{\text{ins}} = VI = \dfrac{V^2}{R}$,其中 I 为电流。而瞬时的机械能功率可以表示成 $p_m^{\text{ins}} = f_0 \dot{X}^{[150]}$。事实上,在能量采集系统当中,机械能除了转化为电能之外,更多的转化为系统的动能。

根据表 6-1 中的参数采用 Euler-Maruyama 和蒙特卡洛方法进行数值模拟[80]。为对磁铁间距进行优化,图 6.5 给出了双稳态系统和三稳态系统不同磁铁间距下的输出功率。设定随机激励的强度为 $D = 0.1 \ g^2/\text{Hz}$,分别采用 d_{2B},d_{2T} 表示悬臂梁顶端磁铁 A 到 B、C 磁铁之间的距离。图 6.5 中,由于双稳态和三稳态系统中存在不同的最优间距,双稳态在 $d_{2B} = 0.021 \ \text{m}$ 处出现峰值,而三稳态系统在 $d_{2T} = 0.018 \ \text{m}$ 出现峰值。另外,可以看出,三稳态系统在最优距离处的 RMS 功率要高于同种情况下的双稳态系统。

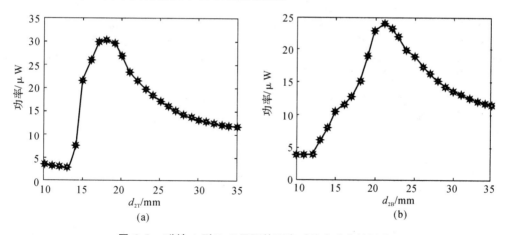

图 6.5　磁铁 A 到 B,C 平面的距离对输出功率的影响

（a）三稳态能量采集系统；　（b）双稳态能量采集系统

图 6.6 和图 6.7 描述了双稳态和三稳态能量采集系统随着激励谱密度 D 变化的输出响应。图 6.6 为信噪比曲线（SNR $= \sigma_X/\sigma_f^{[28]}$,其中,$\sigma_X$,$\sigma_f$ 分别是响应和激励的标准差）和 RMS 电压。值得注意的是,峰值所对应的噪声强度就是发生相干共振的临界值,在该处,三稳态系统可以实现频繁的阱间跳跃。图 6.6(a) 中,三稳态系统的信噪比峰值出现在 $D = 0.03g^2/\text{Hz}$

处,而双稳态系统的信噪比峰值出现在 $D=0.07g^2/\mathrm{Hz}$ 处,这意味着三稳态能量采集系统能在较低的激励强度下实现相干共振。相应地,在图 6.6(b) 中,由于相干共振的原因,三稳态系统产生了更多的 RMS 输出电压。图 6.7 给出了双稳态和三稳态系统随着激励强度 D 变化的能量转化率以及输出功率,这同样表明三稳态系统能够取得更高的能量转化效率。

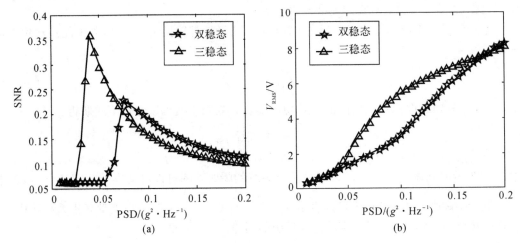

图 6.6　随机激励下响应的统计量

(a) 信噪比;　(b)RMS 输出电压

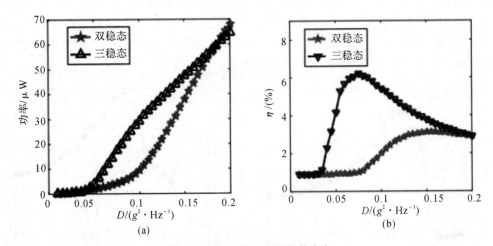

图 6.7　随机激励下的电学响应

(a) 功率输出;　(b) 稳态能量转化率

图 6.8 和图 6.9 分别为激励强度 $D=0.03g^2/\mathrm{Hz}$ 和 $D=0.1g^2/\mathrm{Hz}$ 时,悬臂梁顶端位移和输出电压的时间历程图。可以看出,当 $D=0.03g^2/\mathrm{Hz}$ 时,三稳态能量采集系统已经实现阱间跳跃,而双稳态系统始终围绕一个平衡点做单阱小幅运动。此时,三稳态能量采集系统的输出电压可以达到 $V_{\max}=13.2$ V,而双稳态能量采集仅仅为 $V_{\max}=2.3$ V。

当激励强度增加到 $d=0.1g^2/\mathrm{Hz}$ 时,双稳态能量采集系统和三稳态能量采集系统都实现了阱间跳跃,即相干共振。由于双稳态能量采集系统的势能阱间距较小且势能垒较高,因此发生跳跃的难度较大,输出电压较低,$V_{\mathrm{RMS}}=2.56$ V。相反,三稳态能量采集系统的势能阱间距较大且势能垒较低,由此引起频繁的阱间振动以及大幅响应,输出电压达到 $V_{\text{RMS}} = 4.96$ V。

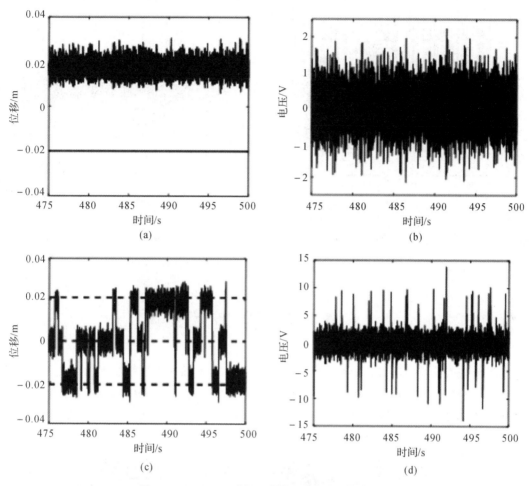

图 6.8　$D = 0.03g^2/\text{Hz}$ 时的系统响应和输出电压

(a)(b) 双稳态能量采集系统；　(c)(d) 三稳态能量采集系统

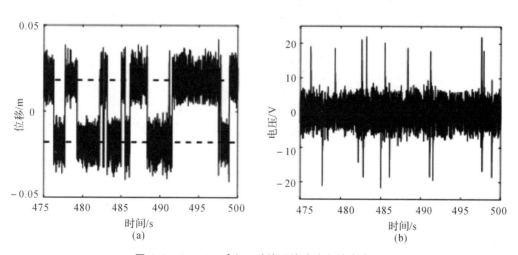

图 6.9　$D = 0.1g^2/\text{Hz}$ 时的系统响应和输出电压

(a)(b) 双稳态能量采集系统

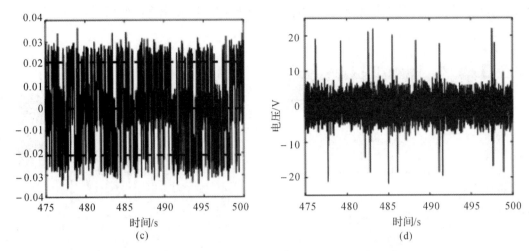

续图 6.9 $D = 0.1g^2/\mathrm{Hz}$ 时的系统响应和输出电压

(c)(d) 三稳态能量采集系统

6.4 实验验证

为了验证数值模拟所得到的结果,我们开展了相应的实验研究。图 6.10 给出了双稳态能量采集系统和三稳态能量采集系统的实验装置示意图。振动台为压电梁提供了宽频的随机激励。压电梁的基底材料是钢,体积为 $(125 \times 16 \times 0.75)~\mathrm{mm^3}$;压电片的体积为 $(24 \times 16 \times 0.2)~\mathrm{mm^3}$。永磁铁材料为 NdFeB,体积为 $(\pi \times 10^2 \times 5)~\mathrm{mm^3}$。

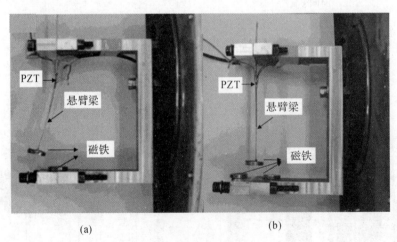

图 6.10 实验装置

(a)双稳态能量采集系统 $(a=0~\mathrm{mm}, d_2=15~\mathrm{mm})$; (b)三稳态能量采集系统 $(a=13~\mathrm{mm}, d_2=15~\mathrm{mm})$

实验中,设置振动台随机激励的谱密度范围为 $0.004 \sim 0.03g^2/\mathrm{Hz}$。图 6.11~图 6.13 给出了实验结果。图 6.11(a)中,$\sigma_\varepsilon/\sigma_\mathrm{f}$ 和图 6.6(a)中的信噪比曲线趋势相同。图 6.11(b)比较了双稳态能量采集系统和三稳态能量采集系统随着激励强度增加时的开路电压,所得实验结果和模型的数值结果预测趋势基本一致。从图6.11(a)和图6.11(b)可以看出,相对三稳态能量采集系统发生阱间跳跃的强度阈值为 $D=0.008g^2/\text{Hz}$,仅为双稳态能量采集系统实现相干共振所需激励强度的一半。因此,在宽频激励下,三稳态能量采集系统将有效工作强度拓宽到低强度范围。

从图6.11(a)和图6.11(b)可以看出,相对三稳态能量采集系统发生阱间跳跃的强度阈值为 $D=0.008g^2/\text{Hz}$,仅为双稳态能量采集系统实现相干共振所需激励强度的一半。因此,三稳态能量采集系统在宽频激励下,将有效工作强度拓宽到低强度范围。

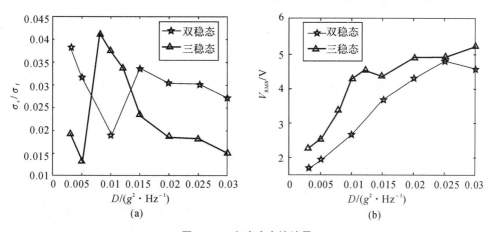

图6.11 实验响应统计量

(a)$\sigma_\varepsilon/\sigma_f$实验结果; (b)实验RMS开路电压

图6.12和图6.13分别为 $D=0.004g^2/\text{Hz}$ 和 $D=0.03g^2/\text{Hz}$ 时动态应变和开路电压的时间历程图。当随机激励强度较低时,双稳态系统无法发生跳跃现象,运动轨迹限定在单个的势能阱当中,但是这时三稳态系统已经开始跳跃,输出电压出现了较大的峰值。当激励强度比较大时,应变时间历程表明两种系统都实现了阱间跳跃,而三稳态系统尤其更加频繁,因而产生了更加密集的输出电压[见图6.13(b)(d)]。

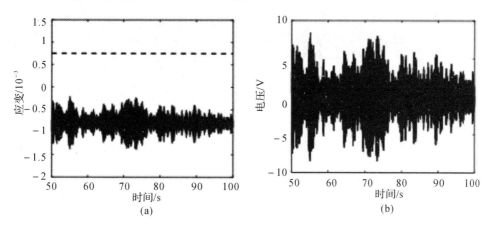

图6.12 $D=0.004g^2/\text{Hz}$ 时的动态应变和电压时间历程

(a)(b)双稳态

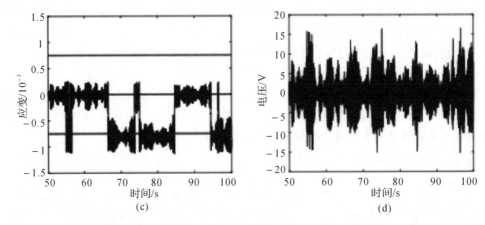

续图 6.12　$D=0.004g^2/Hz$ 时的动态应变和电压时间历程

（c）（d）三稳态

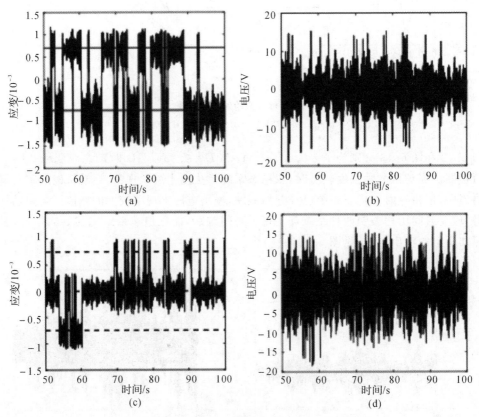

图 6.13　$D=0.03g^2/Hz$ 时的动态应变和电压时间历程

（a）（b）双稳态；　（c）（d）三稳态

6.5　结　　论

本章提出了力-电-磁耦合的三稳态压电能量采集系统,利用广义 Hamilton 原理建立了模型并进行了求解;给出了系统出现双稳态和多稳态的参数区域;分别采用数值和实验方法分析了系统在谐波激励和宽频随机激励下的响应。根据数值结果,得到了以下结论:

(1)随着磁铁之间的距离的增加,双稳态能量采集系统逐渐变为三稳态能量采集系统。由于势能垒的降低,三稳态系统比双稳态系统更容易出现高能量轨道。在谐波激励情形下,三稳态系统由于能在低频激励下出现阱间跳跃,所以拓宽了有效工作频带。

(2)三稳态能量采集系统能在低强度随机激励情形下,开始阱间跳跃。当进一步增加激励强度时,三稳态能量采集系统可通过更频繁的跳跃来产生大幅电压。由于相干共振的作用,三稳态能量采集系统的转化率以及能量采集效率都要比双稳态系统高。

(3)对双稳态和三稳态能量采集系统,分别进行了实验研究来验证理论分析,实验结果和数值模拟共同验证了三稳态能量在随机激励下具有较高的能量采集效率。

(4)事实上,三稳态能量采集系统很大程度上依赖于系统的几何参数。不合适的参数会使中间的势能阱深度增加,这样就限制了系统在低强度随机激励下的阱间运动和大幅响应。

第7章 高效受压式压电能量采集系统

7.1 引 言

大多数振动能量采集结构基于梁或者板结构的弯曲应力,但是压电陶瓷在弯曲模式下的疲劳强度很低,阻碍了进一步提高能量输出效率。为了提高功率输出,研究者提出了"钹"式能量采集结构,该装置能利用柔性放大机构提高能量采集装置的机电耦合转化率[157-159]。"钹"式能量采集结构在拉伸模式下具有较高的可靠性,适用于高频、大幅的环境激励。然而环境激励通常以小幅、低频为主,而"钹"式能量采集结构由于较高的固有频率导致能量采集效率受到限制。

为了提高采集装置的可靠性及能量采集效率,Yang 等[160-162]提出了由一个多级应力放大机构构成的高效受压能量采集系统,该系统可放大作用于压电陶瓷上的应力。实验结果表明:在 0.5g 激励强度、26 Hz 激励频率的加速度激励下,它产生的功率为 54.7 mW,该数值要比同等级的其他装置高一个数量级。该系统的另一个优点:相比弯曲式能量采集系统具有较低的位移,因此可满足电子器件微型化的需求。然而,目前高效受压能量压电采集系统的建模过程仍然是一个难点。Yang 等人[160]通过建立一个集中参数模型来描述机械构件和采集电路之间的耦合关系。集中参数模型的优点是方便获得功率等指标的闭合形式表示,但是却忽略了弹性梁上的应力分布等力学特性[161]。此外,集中参数模型无法进行参数分析,限制了能量采集系统的进一步优化。

为了避免集中参数模型对力学、物理特性表述不足的问题,本章根据能量法提出了一种新的分布参数模型。采用伽辽金法将连续体模型离散为单自由度非线性振动系统。结果表明,硬弹簧特性使得即使在很小的基础激励下也可以产生宽频响应,以及得到多解共存等非线性特点。理论结果和实验结果相互佐证,共同验证非线性响应可用于提升能量采集效果。此外,通过扫频开展参数分析,获得了梁长度、质量、阻尼等对能量采集器电压响应的影响规律。

7.2 分布式参数模型

图 7.1 给出了高效受压电能量采集系统的示意图,该装置受到环境基础激励 $z(t)$。在建模过程中,将整个系统分为四部分,即弹性梁(下标 1)、弓形梁(下标 2)、压电板(下标 3)和质量块 M。假设弹性梁为细长结构并且变形足够小。弹性梁的横向和径向位移分别表示为 $w_1(x,t)$ 和 $u_1(x,t)$,相应地,弓形梁的横向和径向位移分别表示为 $w_2(x,t)$ 和 $u_2(x,t)$。此外,$u_1(L_1,t)$ 和 $w_1(L_1,t)$ 用于描述质量块 M 在 x 轴和 y 轴方向上的位移。

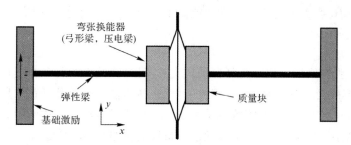

图 7.1 能量采集系统的示意图

系统的拉格朗日量可以表述为 $L = T - U + W_e$。其中，T 是动能；U 是势能；W_e 是机电能。系统的动能表示为

$$T = T_1 + T_2 + T_3 + T_M = 2 \times \frac{1}{2} \int_0^{L_1} m_1 \left[(\dot{w}_1 + \dot{z})^2 + \dot{u}_1^2 \right] \mathrm{d}x +$$

$$2 \times \frac{1}{2} m_2 \int_0^{L_2} \left[(\dot{u}_2 + \dot{z})^2 + \dot{w}_2^2 \right] \mathrm{d}y + \frac{1}{2} M_p \left[\dot{w}_1(L_1, t) + \dot{z} \right]^2 +$$

$$2 \times \frac{1}{2} M \{ \left[\dot{w}_1(L_1, t) + \dot{z} \right]^2 + \dot{u}_1(L_1, t)^2 \} \tag{7-1}$$

其中，$(\cdot)$ 表示对长度的导数；M_p 为压电梁的质量；m_1 和 m_2 分别是弹性梁和弓形梁的单位长度质量，可表示为

$$\left. \begin{aligned} m_1 &= \rho_1 A_1 \{ H(x) - H[x - (L_1 - L_b)] \} + 2\rho_1 A_1 \{ H[x - (L_1 - L_b)] - H(x - L_1) \} \\ m_2 &= \rho_2 A_2 \end{aligned} \right\}$$

$$\tag{7-2}$$

其中，$H(x)$ 是用于描述截面变化过程的 Heaviside 函数；L_b 是用于连接质量块的双层变截面的长度；$\rho_i (i = 1, 2)$ 为质量密度；$A_i (i = 1, 2)$ 为横截面面积。

对于如图 7.2 所示的细长固支-固支梁，横向挠度较大，会引起较大的拉伸变形。固支-固支压电梁的拉伸变形可表示成

$$\mathrm{d}s = \sqrt{[\mathrm{d}x + u(x + \mathrm{d}x) - u(x)]^2 + [w(x + \mathrm{d}x) - w(x)]^2} \tag{7-3}$$

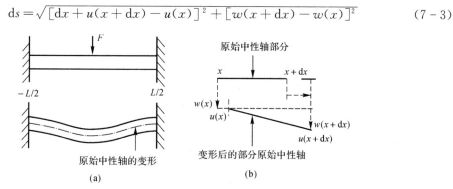

图 7.2 中心受到载荷的固支-固支梁

（a）中心挠度； （b）中性轴的放大视图

应用 Taylor 级数展开 $(\sqrt{1 + \delta} \approx 1 + \frac{\delta}{2})$，弹性梁的轴向应变可表示成

$$\varepsilon_x = \frac{\mathrm{d}s - \mathrm{d}x}{\mathrm{d}x} = \frac{\mathrm{d}u}{\mathrm{d}x} + \frac{1}{2} \left(\frac{\mathrm{d}w}{\mathrm{d}x} \right)^2 \tag{7-4}$$

由于径向运动位移大小与横向运动相比微不足道[163-164]，因此，径向应变可表示成

$$\varepsilon_x = \frac{1}{L} \int_L \frac{1}{2} \left(\frac{\mathrm{d}w}{\mathrm{d}x} \right)^2 \mathrm{d}x \tag{7-5}$$

在图 7.3 中，弹性梁轴向位移与经典的固支梁不同，弹性梁端点 G 在变形后仍然与 x 轴平行。将弹性梁变形的大小表示为 Δx_1。相应地，弯张换能器的弓形梁可看作具有初始高度的固支-固支拱，它在 $w_2(x, L_2/2)$ 处的位移可表示为 Δx_2。为了描述弹性梁的中心位移和其他位置的位移之间的关系，引入函数 $s(y)$。弹性梁和弓形梁的拉伸变形满足协调方程[165]：

$$\left. \begin{aligned}
\Delta x_1 + \Delta x_2 &= \frac{1}{2} \int_0^{L_1} w'^2_1 \mathrm{d}x \\
\frac{E_1 A_1}{L_1} (\Delta x_1) &= E_2 I_2 \frac{\partial^4 \left[(h_0 + \Delta x_2) s(y) \right]}{\partial y^4} - \\
&\quad \frac{E_2 A_2}{2 L_2} \frac{\partial^2 \left[(h_0 + \Delta x_2) s(y) \right]}{\partial y^2} \int_0^{L2} \left\{ \frac{\partial \left[(\Delta x_2) s(y) \right]}{\partial y} \right\}^2 \mathrm{d}y
\end{aligned} \right\} \tag{7-6}$$

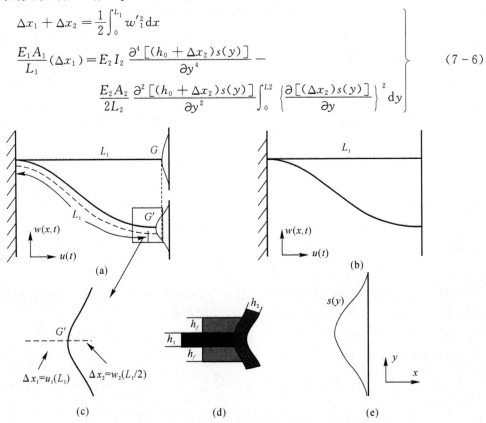

图 7.3 Δx_1 和 Δx_2 之间的几何关系

(a) 柔性位移放大机构； (b) 固支梁[24]； (c) Δx_1 和 Δx_2 放大图；

(d) 弹性梁和弓形梁连接点的厚度； (e) 位移形状 $s(y)$

系统的势能可表示成

$$\begin{aligned}
U = U_1 + U_2 + U_3 + U_M = \\
2 \left[\frac{1}{2} \int_0^{L_1} E_1 I_1 (w''_1)^2 \mathrm{d}x + \frac{E_1 A_1}{2 L_1} (\Delta x_1)^2 + \int_0^{L1} m_1 g w_1 \mathrm{d}x \right] + \\
2 \left\{ \frac{1}{2} E_2 I_2 \int_0^{L_2} w''^2_2 \mathrm{d}y + \frac{E_2 A_2}{2 L_2} \left[2 u_2 (L_2/2, t) \right]^2 + m_2 L_2 g w_1 (L_1, t) \right\} + \\
M_p g w_1 (L_1, t) + \left(\int_{v_{py}} \frac{1}{2} \sigma_{py} \varepsilon_{py} \mathrm{d}v_{py} + \int_{v_{px}} \frac{1}{2} \sigma_{px} \varepsilon_{px} \mathrm{d}v_{px} \right) + 2 M g w_1 (L_1, t)
\end{aligned} \tag{7-7}$$

其中，($'$) 表示对长度的导数；$E_1 I_1$ 和 $E_2 I_2$ 分别表示弹性梁和弓形梁的抗弯刚度，可表示成

$$\left.\begin{aligned}E_1 I_1 &= \frac{E_1 b_1 h_1^3}{12}\{H(x) - H[x - (L_a - L_b)]\} + \\ &\qquad \frac{E_1 b_1 h_f^3}{12}\{H[x - (L_a - L_b)] - H(x - L_a)\} \\ E_2 I_2 &= \frac{E_2 b_2 h_2^3}{12}\end{aligned}\right\} \tag{7-8}$$

式中，h_f 是靠近质量块处的弹性梁的厚度。

其中，σ_{py}，ε_{py}，σ_{px} 和 ε_{px} 表示压电梁的应力和应变，满足以下线性本构关系[166,167]：

$$\left.\begin{aligned}\varepsilon_{py} &= \frac{1}{E_3}\sigma_{py} - d_{31}E_x, \quad \varepsilon_{px} = \frac{1}{E_3}\sigma_{px} - d_{33}E_x \\ D_{py} &= -d_{31}\sigma_{py} + e_{33}E_x, \quad D_{px} = -d_{33}\sigma_{px} + e_{33}E_x\end{aligned}\right\} \tag{7-9}$$

式中，E_x 和 D_p 分别为电场强度和电位移，下标 x 和 y 分别表示沿 x 轴方向和沿 y 轴方向；d_{31} 和 d_{33} 是压电常数，e_{33} 是介电常数。

压电晶体可分为两部分，压电板的中心部分受到垂直于极化方向的压应力（31 模式），及与弓形梁黏结的边缘受到平行于极化方向的拉载荷（33 模式），有

$$\begin{aligned}W_e &= \int_{V_{px}}(E_x D_{px})dV_{px} + \int_{V_{py}}(E_x D_{py})dV_{py} = \\ &2\int_{V_{px}}(-d_{33}\sigma_x + e_{33}E_x)E_x dV_{px} + \int_{V_{py}}(-d_{31}\sigma_y + e_{33}E_x)E_x dV_{py} = \\ &2\int_{V_{px}}\left[-d_{33}\sigma_x\frac{V}{h_3} + e_{33}\left(\frac{V}{h_3}\right)^2\right]dV_{px} + \int_{V_{py}}\left[-d_{31}\sigma_y\frac{V}{h_3} + e_{33}\left(\frac{V}{h_3}\right)^2\right]dV_{py} = \\ &-2\frac{d_{33}}{A_{px}}\left(\frac{V}{h_3}\right)E_1 A_1 \Delta x_1 V_{px} + 2e_{33}\left(\frac{V}{h_3}\right)2V_{px} - \\ &\frac{d_{31}}{A_{py}L_2}E_2 A_2 \int_0^{L_2}[\Delta x_2 s(y)]'^2 dy\left(\frac{V}{h_3}\right)V_{py} + e_{33}\left(\frac{V}{h_3}\right)2V_{py}\end{aligned} \tag{7-10}$$

其中，V_p 为压电陶瓷的体积，A_p 为受力面积，下标 x 和 y 分别表示沿 x 轴方向和沿 y 轴方向。

引入耗散函数 δW，它主要包括机械阻尼和电阻尼，有

$$\delta W = \frac{1}{2}c_1\int_0^{L_1}\dot{w}_1^2 dx + \frac{1}{2}c_2\int_0^{L_2}\dot{w}_2^2 dy + \delta Q \tag{7-11}$$

其中，c_1 和 c_2 分别为弹性梁和弓形梁的阻尼系数；Q 为压电层的电荷输出；Q 的时间变化率为通过电阻负载的电流，即 $\dot{Q} = V/R$。

7.3　Galerkin 离散

结构的横向和纵向运动都可以表示为位移函数和模态函数乘积的代数和，即

$$\left.\begin{aligned}w_1(x,t) &= \sum_{n=1}^{\infty}q_n(t)\psi_n(x), \quad u_1(x,t) = \frac{1-\alpha_1}{2}\int_0^x w_1'^2(x,t)dx \\ w_2(y,t) &= \frac{\alpha_1}{2}s(y)\int_0^{L_1}w_1'^2 dx, \quad u_2(y,t) = \frac{1}{2}\int_0^y w_2'^2(y,t)dy\end{aligned}\right\} \tag{7-12}$$

其中，$\alpha_1 = \Delta x_2 \Big/ \left(\dfrac{1}{2} \displaystyle\int_0^{L_1} w'^2_1 \mathrm{d}x \right)$ 定义为轴向拉伸比。

根据本章考虑的激励频率以及实验获得的弹性梁振型，可以安全地假设基础模态对梁的动力学响应的贡献最大，振型函数可表示为[23]

$$\psi_1 = \left(1 - \cos \frac{\pi x}{L_1} \right) \Big/ 2 \tag{7-13}$$

将弓形梁上跨中位置与其他位置的关系函数设为固支-固支梁的基本模态函数，即

$$s(y) = \left(1 - \cos \frac{2\pi y}{L_2} \right) \Big/ 2 \tag{7-14}$$

因此，选择 q 和 V 作为广义坐标，应用拉格朗日方程，有

$$\left.\begin{array}{l} \dfrac{\mathrm{d}}{\mathrm{d}t}\left(\dfrac{\partial L}{\partial \dot{q}}\right) - \dfrac{\partial L}{\partial q} = \dfrac{\delta W}{\delta q} \\[3mm] \dfrac{\mathrm{d}}{\mathrm{d}t}\left(\dfrac{\partial L}{\partial \dot{V}}\right) - \dfrac{\partial L}{\partial V} = \dfrac{\delta W}{\delta V} \end{array}\right\} \tag{7-15}$$

描述横向振动和输出电压的非线性振动控制方程可表示成

$$\left.\begin{array}{l} m_{\mathrm{e}}\ddot{q} + \beta_1(2\ddot{q}q^6 + 12\dot{q}^2 q) + \beta_2(3\dot{q}q^2\dot{z} + 4q^3\ddot{z}) + \beta_3(2\ddot{q}q^2 + 4\dot{q}^2 q) + \gamma\ddot{z} + k_1 q + k_2 q^3 + \\[2mm] k_3 q^7 + \chi_1 q^3 V + \chi_2 qV + \lambda + 2\mu_1 \dot{q} + 8\mu_2 q^2 \dot{q} = 0, \\[2mm] 4\chi_1 q^3 \dot{q} + 2\chi_2 q\dot{q} + C_{\mathrm{p}} V = Q \end{array}\right\} \tag{7-16}$$

其中，m_{e} 为考虑第一阶振型的等效质量；β_1，β_2 和 β_3 是由梁的几何非线性引起的常数；k_1，k_2 和 k_3 分别是线性、非线性刚度；χ_1 和 χ_2 为机电耦合常数；μ_1 和 μ_2 是用于描述能量耗散的等效阻尼系数；C_{p} 是压电层的等效电容；γ 是考虑基础模态作用下的加速度系数。这些系数的具体表达式为

$$m_{\mathrm{e}} = 2\left(m_1 \int_0^{L_1} \psi_1^2 \mathrm{d}x + M_1 + \frac{1}{2} M_{\mathrm{P}} \right)$$

$$\beta_1 = \frac{m_2}{4} \int_0^{L_2} \left(\int_0^y \left\{ (1-\alpha_1) \int_0^{L_1} [\psi'_1(x)]^2 \mathrm{d}x s(y) \right\}'^2 \mathrm{d}y \right)^2 \mathrm{d}y,$$

$$\beta_2 = m_2 \int_0^{L_2} \left(\int_0^y \left\{ 1-\alpha_1) \int_0^{L_1} [\psi'_1(x)]^2 \mathrm{d}x s(y) \right\}'^2 \mathrm{d}y \right) \mathrm{d}y$$

$$\beta_3 = m_1 \int_0^{L_1} \left\{ (\alpha_1) \int_0^x [\psi'_1(x)]^2 \mathrm{d}x \right\}^2 \mathrm{d}x + M_1 \left\{ (\alpha_1) \int_0^{L_1} (\psi'_1(x))^2 \mathrm{d}x \right\}^2 +$$

$$\qquad m_2 \int_0^{L_2} \left((1-\alpha_1) \int_0^{L_1} [\psi'_1(x)]^2 \mathrm{d}x s(y) \right)^2 \mathrm{d}y$$

$$\gamma = m_1 \int_0^{L_1} \psi_1 \mathrm{d}x + M_1 + \frac{1}{2} M_{\mathrm{P}}$$

$$k_1 = E_1 I_1 \int_0^{L_1} [\psi''_1(x)]^2 \mathrm{d}x$$

$$k_2 = E_2 I_2 \int_0^{L_2} \frac{(1-\alpha_1)}{2} \left\{ \int_0^{L_1} [\psi'_1(x)]^2 \mathrm{d}x s(y) \right\}''^2 \mathrm{d}y + E_1 A_1 \left\{ \frac{\alpha_1}{2L_1} \int_0^{L_1} [\psi'_1(x)]^2 \mathrm{d}x \right\}^2 +$$

$$\qquad \frac{E_1 A_1}{A_{\mathrm{px}}} \left\{ \frac{\alpha_1}{2L_1} \int_0^{L_1} [\psi'_1(x)]^2 \mathrm{d}x \right\} v_{\mathrm{px}}$$

$$k_3 = 16 \frac{E_2 A_2}{2L_2} \left[\int_0^{L_2} \left(\int_0^y \left\{ \frac{(1-\alpha_1)}{2} \int_0^{L_1} [\psi'_1(x)]^2 \mathrm{d}x s(y) \right\}'^2 \mathrm{d}y \right) \mathrm{d}y \right]^2 +$$

$$16 \frac{E_2 A_2}{A_{pz}} \left\{ \frac{1}{2L_2} \int_0^{L_2} \left[\frac{(1-\alpha_1)}{2} \int_0^{L_1} \psi'_1 \ (x)^2 \mathrm{d}x s(y) \right]'^2 \mathrm{d}y \right\}^2 v_{pz}$$

$$\lambda = (2M_1 + M_P) g + 2m_1 g \int_0^{L_1} \psi_1(x) \mathrm{d}x + 2m_2 L_2 g$$

$$\mu_1 = \int_0^{L_1} c_1 \psi_1 \ (x)^2 \mathrm{d}x$$

$$\mu_2 = 4 \int_0^{L_2} c_2 \left\{ \frac{(1-\alpha_1)}{2} \int_0^{L_1} \left[\psi'_1(x) \right]^2 \mathrm{d}x s(y) \right\}^2 \mathrm{d}y$$

$$C_p = 2e_{33} \frac{V_{px}}{h_3^2} + \varepsilon_{33} \frac{V_{py}}{h_3^2}$$

很显然,本章中建立的分布参数模型有别于传统的能量采集系统模型。如果系统的变形较小,高次项的影响可以被忽略,模型[式(7-16)]可以近似等价于已有的集中参数模型。

7.4　谐　波　激　励

7.4.1　硬非线性响应

根据表 7-1 中的几何参数、材料参数和机电参数,图 7.4(a) 给出了通过公式 $F_R = k_3 q^7 + k_2 q^3 + k_1 q + \lambda$ 获得的恢复力变化曲线。当挠度比较小时,线性刚度起主导作用;而当挠度比较大时,在计算恢复力时就需要考虑由拉伸而引起的非线性刚度。图 7.4(b) 给出了相应的弹性势能曲线,可以看出由于重力效应,势能最小值点在 $q = -0.4 \times 10^{-3}$ 处,而不在 $q = 0$ 处。然而,系统仍然可以归纳为单稳态能量采集系统。

表 7-1　高效受压式压电能量采集系统(HC-PEH) 模型的几何和材料参数

参数	符号/单位	数值
弹性梁的长度	L_1/m	0.05
弹性梁的宽度	b_1/m	0.005
弹性梁的厚度	h_1/m	0.015
弹性梁的密度	ρ_1/(kg·m^{-3})	2 700
弹性梁和弓形梁的弹性模量	E_1, E_2/GPa	69
弓性梁的长度	L_2/m	0.04
弓性梁的宽度	b_2/m	0.005
弓性梁的厚度	h_2/m	0.000 5
压电片的杨氏模量	E_3/GPa	63
线性阻尼系数	c_1/(N·s·m^{-1})	6.5

续 表

参数	符号/单位	数值
非线性阻尼系数	$c_2/(\mathrm{N \cdot s \cdot m^{-1}})$	90
机电耦合系数	$d_{31}/(\mathrm{C \cdot N^{-1}})$	-285×10^{-12}
机电耦合系数	$d_{33}/(\mathrm{C \cdot N^{-1}})$	-480×10^{-12}
介电常数	$e_{33}/(\mathrm{F \cdot m^{-1}})$	$130\,0 \times 10^{-12}$
压电材料的体积	$V_\mathrm{p}/\mathrm{m^3}$	$0.032 \times 0.015 \times 0.000\,7$
重力加速度常数	$g/(\mathrm{m \cdot s^{-2}})$	9.81

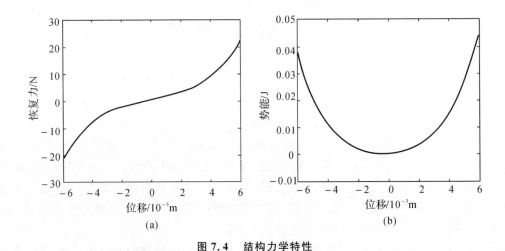

(a)　　　　　　　　　　　　(b)

图 7.4　结构力学特性

(a) 恢复力；　(b) 势能函数

对方程式(7-16)，使用 MATLAB 中微分方程求解器(ode45)进行数值模拟。将基础激励设定为谐波激励$\ddot{z}(t) = f\cos(\omega t)$，其中 f 为激励幅值，$\omega/2\pi$ 为激励频率。图 7.5 给出了正向扫频时的位移和电压响应。激励的加速度分别设定为 $0.2g$，$0.3g$，$0.4g$ 和 $0.5g$，频率变化率设定为 0.1 Hz/s。随着频率的增大，系统呈现出典型的非线性跳跃现象。图 7.5 中硬弹簧特性的非线性响应有助于提高响应幅值，拓宽有效工作频带。

对于非线性振动能量采集系统，非线性谐振特性除了能使电压输出响应的峰值增大、频带拓宽外，还将产生滞回、多解共存等非线性现象。因此，通过设计措施使系统保持高能解具有重要的实际意义。图 7.6 给出了系统激励 19.8 Hz，21.5 Hz，23.1 Hz 和 23.7 Hz 的吸引盆。通过吸引盆显示，当系统选取不同的初始条件时，稳态响应趋于高能吸引子 $\mathrm{FP_H}$ 和低能吸引子 $\mathrm{FP_L}$。其中，它们所对应的区域为吸引域。吸引域的面积可以作为评判高能解和低能解分别所占总体权重的标准。如图 7.6 (a)~(d) 所示，随着激励频率的增大，高能区域所占的百分比逐渐减少，这也意味着出现高能解的概率减小。

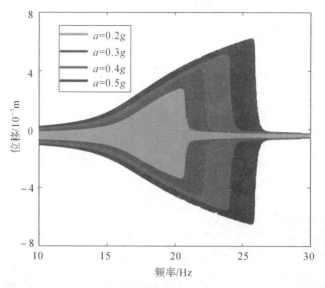

图 7.5　不同激励强度下外接电阻为 100 kΩ 时正向扫频的数值结果

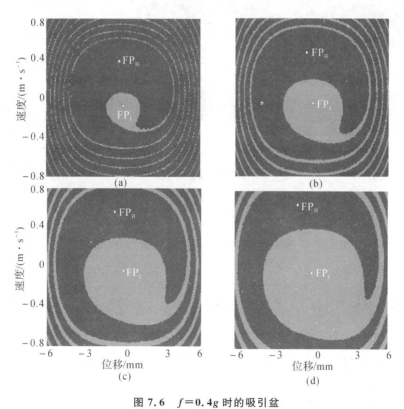

图 7.6　$f = 0.4g$ 时的吸引盆

(a)$\omega = 19.8$ Hz；　(b)$\omega = 21.5$ Hz；　(c)$\omega = 23.1$ Hz；　(d)$\omega = 23.7$ Hz

7.4.2 实验验证

本节将采用一系列实验手段验证高效受压式压电能量采集系统(HC-PEH)中通过数值模拟产生的非线性现象。图 7.7 为实验平台。其中,激振器(Labworks ET-127)用于提供机械振动激励,功率放大器用于放大激励信号并驱动激振装置,示波器(Tektronix 3014)和多普勒激光测振仪(PolytecOFV-534)用于采集能量采集装置产生的力学信号和电学信号。压电片的有效体积为($32 \times 15 \times 0.7$) mm^3,其他结构参数和材料参数见表 7-1。

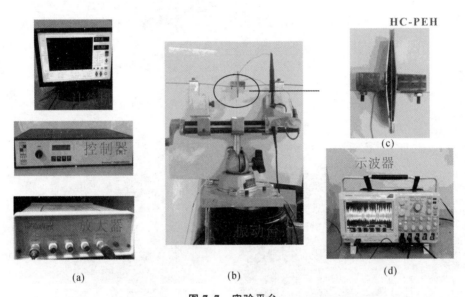

图 7.7 实验平台

(a)信号产生器和功率放大器； (b)激振器

(c)HC-PEH[(b)图的局部放大图]； (d)示波器

为了全面表征能量采集系统的性能,我们研究了外接电阻和功率输出之间的关系,其中不同外接电阻时的功率输出表示为 $\dfrac{V_{\text{peak}}^2}{R}$。如图 7.8(a) 所示,电压输出随着外接电阻的增大而增大,并且当外接电阻为 100 kΩ 时,功率输出达到最大。该匹配电阻值与通过公式

$$R = \frac{2\pi}{C_{\text{p}}\omega} \tag{7-17}$$

计算得到的结果相一致。其中,C_{p} 为压电片的电容,ω 为一阶模态的角频率,压电片的内电容为 30 nF。通过图 7.8(b)(c)(d)进一步验证了模型的有效性,发现外接电阻为 100 kΩ,1 MΩ 和 10 MΩ 时,模拟电压和实验电压响应吻合较好。

图 7.9 给出了外接电阻为 100 kΩ 时,数值电压响应结果和实验结果的对比。正向扫频和逆向扫频结果都呈现跳跃等非线性现象。不同激励幅值下,数值结果和实验结果相互吻合。因此,理论模型可以用于预测能量采集系统的非线性响应,例如峰值电压、跳跃频率以及工作带宽。

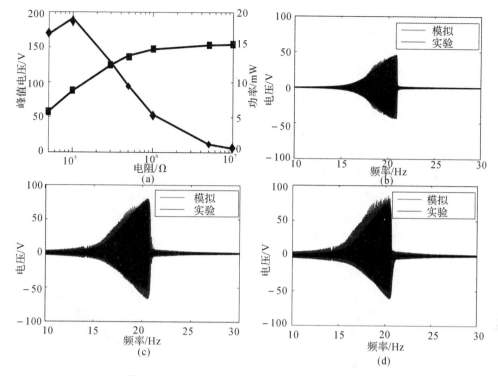

图 7.8　不同外接电阻情形下的实验电压和功率

（a）峰值电压—■—和功率—◆—；　（b）(c)(d) 外接电阻为 100 kΩ，1 MΩ 和 10 MΩ 时模拟和实验电压响应的比较

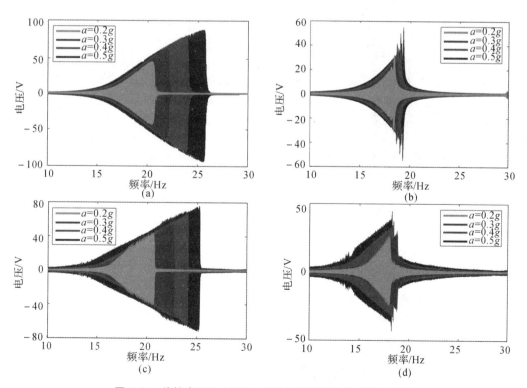

图 7.9　外接电阻为 100 kΩ 时的数值结果和实验结果比较

（a）(b) 正向扫频和逆向扫频的数值结果；　(c)(d) 正向扫频和逆向扫频的实验结果

7.4.3　参数分析

在本节中,我们以在基础激励下的电压响应为指标,针对模型开展参数分析,集中讨论阻尼、机电耦合系数以及弹性梁的材料和长度等参数对能量输出性能的影响。

图 7.10 给出了外接电阻为 100 kΩ 时,机械阻尼系数对输出电压的影响。通过对比可以发现,电压响应受到阻尼系数 c_1 的影响较大,而受到阻尼系数 c_2 的影响较小。以正向扫频结果为例,当阻尼 c_1 从 1 N·s·m^{-1} 增加到 7 N·s·m^{-1} 时,峰值电压从 222.98 V 下降到 74.5 V,半功率带宽从 2.8 Hz 减小到 1.5 Hz。当阻尼 c_2 从 1 000 N·s·m^{-1} 增加到 7 000 N·s·m^{-1} 时,位移、电压以及半功率带宽的改变量都很小。因此可以得出结论:增加阻尼会削弱非线性跳跃现象、减小电压幅值以及降低出现跳跃的临界频率值。通过弹性梁和弓形梁阻尼系数的对比可以发现,系统的能量主要通过弹性梁的黏弹性阻尼耗散掉,而不是通过弓形梁的材料阻尼耗散掉。

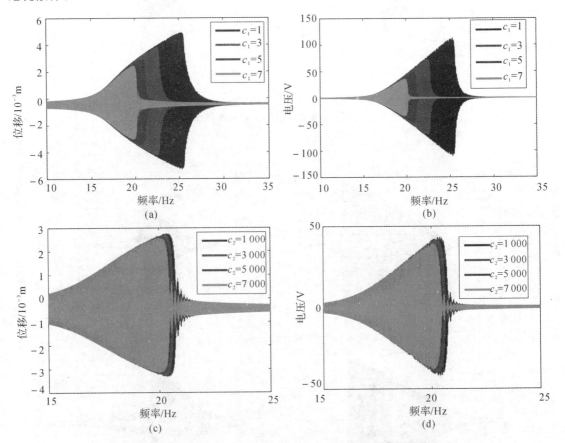

图 7.10　外接电阻为 100 kΩ 时阻尼系数对位移和输出电压的影响

(a)(b) 弹性梁阻尼系数 c_1 对位移和电压的影响;　(c)(d) 弓形梁阻尼系数 c_2 对位移和电压的影响

图 7.11 给出了外接电阻为 100 kΩ 时,弹性梁长度对输出电压的影响。当其他参数固定为常数时,增加梁的长度,在一定程度上将引起峰值电压的增加,这一现象可以通过弹性梁的

弯曲效应和拉伸效应来解释。当弹性梁的长度很短时,弯曲效应占的比重较大。当弹性梁的长度增加到一定值时,弯曲效应和拉伸效应都会增加作用在压电板上面的应力。图 7.11(c) (d)分别给出了 $L_1=0.03$ m 和 $L_1=0.05$ m 时,HC-PEH 在扫频激励下的电压输出。因此可以看出,较长的弹性梁长度不仅会降低固有频率,也会降低产生最大电压的临界频率值。

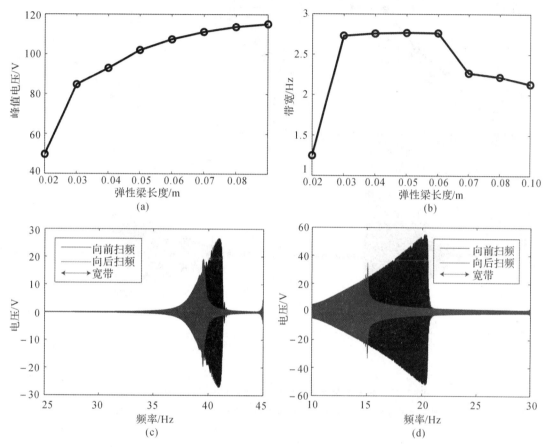

图 7.11　外接电阻为 100 kΩ 时弹性梁长度对输出电压的影响
(a)峰值电压;　(b)带宽;
(c)$L_1=0.03$ m 时的扫频结果;　(d)$L_1=0.05$ m 时的扫频结果

　　图 7.12 给出了外接电阻为 100 kΩ 时,质量块的质量对输出电压的影响。当其他参数固定为常数时,将质量块的质量从 0.02 kg 增加到 0.09 kg,峰值电压从 65 V 增加到 135 V,带宽从 2.5 Hz 增加到 4.25 Hz。可以看出,较重的质量块将引起强非线性以及较低的固有频率,加剧低频激励下的跳跃现象以及增大电压幅值。然而,增加质量块的质量会降低装置的单位能量密度,甚至会加剧发生材料疲劳的可能性。因此,当质量块质量达到一定值时,继续增加质量将导致能量采集效率降低以及能量采集装置的工作寿命下降。

　　图 7.13 给出了弹性梁分别选取铝、铜和钢三种材料时,加速度选取为 $0.1g\sim0.5g$ 时的峰值电压和半功率带宽。当加速度激励的幅值从 $0.2g$ 增加到 $0.5g$ 时,铝制结构的峰值电压可达 140 V,比铜制和钢制结构的电压输出都要高。此外,通过对比工作频带也可以发现,加速度激励的增加将铝制能量采集结构的工作带宽从 1.5 Hz 拓展至 3.75 Hz,其性能明显优于

铜制结构和钢制结构。这一显著性差异可以通过不同材料的弹性模量、密度以及材料阻尼等结构参数来解释。

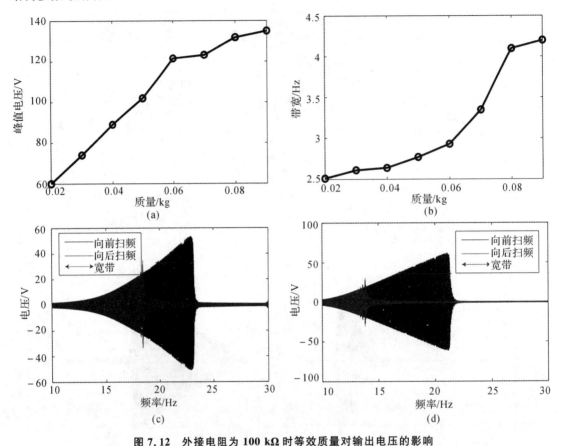

图 7.12　外接电阻为 100 kΩ 时等效质量对输出电压的影响

（a）峰值电压；（b）带宽；（c）$M_1 = 0.04$ kg 时的扫频结果；（d）$M_1 = 0.08$ kg 时的扫频结果

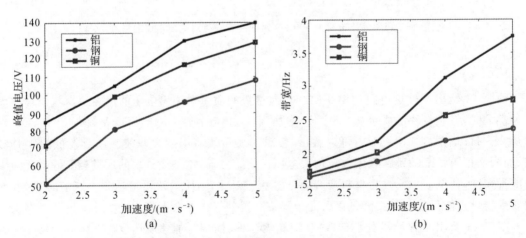

图 7.13　弹性梁材料对电压输出响应的影响

（a）峰值电压；（b）带宽

7.5　随机激励

为了全面研究高效受压式能量采集装置(HC－PEH)的能量采集性能,我们先将激励假设为高斯白噪声激励,具体可表示成

$$\left.\begin{array}{l}\langle a(t)\rangle=0\\\langle a(t)a(t+\Delta t)\rangle=2\pi S_0\delta(\Delta t)\end{array}\right\} \tag{7-18}$$

式中,〈〉表示期望均值;S_0 为激励的功率谱密度;$\delta(x)$ 表示脉冲函数。

事实上,能量采集效率与激励的形式密切相关。因为环境激励通常以低频形式为主,白噪声激励假设通常并不符合实际。如图 7.14 所示,为了验证能量采集系统的鲁棒性,将环境激励设定为 10～100 Hz 的限带白噪声激励。限带白噪声激励可由白噪声激励通过滤波器获得,它的物理性能可以通过带宽、中心频率以及功率谱密度等表征。

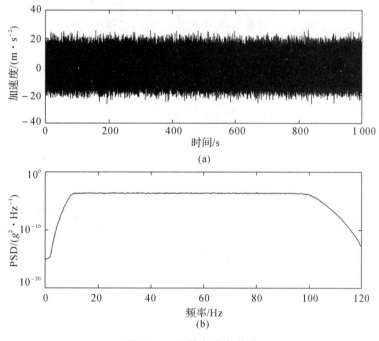

图 7.14　限带白噪声激励

(a)加速度;　(b)功率谱密度(10～100 Hz)

7.5.1　随机硬弹簧特性

为了研究随机激励强度和中心频率的影响,我们通过连续改变激励 PSD 和激励中心频率,计算了力学响应和电学响应的统计量。图 7.15 给出了位移的标准差以及输出电压的方差。这些数值结果可以直接通过四阶定步长 Ronge－Kutta 方法计算方程式(7-16)获得。为了突出统计学差异以及遍历性,采用 100 000 个数据点来计算。当设定的加速度谱密度较低

时,中心频率设定为固有频率附近时的输出电压较高,这时能量采集系统呈现出线性特性。随着输入激励的增加,由于硬非线性的作用即使在偏离固有频率的频域上也能产生较大的输出电压。

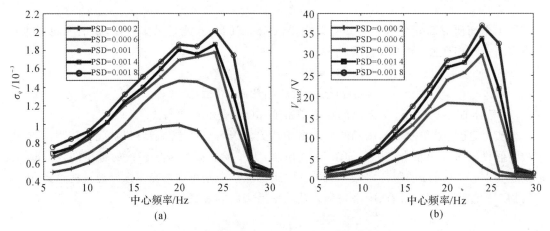

(a)   (b)

图 7.15　带宽为 10 Hz 时随机激励下的模拟结果

(a)位移的标准差;　(b)有效电压

图 7.16 给出了不同中心频率时位移标准差和有效电压的数值结果。显然,随着频带的增加即激励呈现出宽频效应,中心频率的影响减弱,输出电压的峰值降低。因此可以确定,限带随机激励的频带设定为 10~100 Hz 符合宽频激励要求。

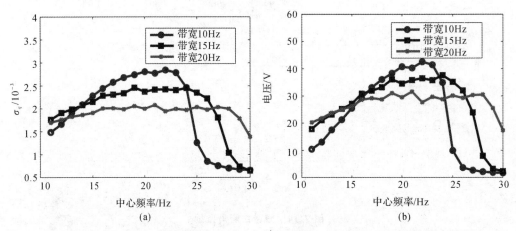

(a)   (b)

图 7.16　激励谱密度为 0.002g^2/Hz 时不同中心频率下的数值结果

(a)位移的标准差;　(b)有效电压输出

7.5.2　实验结果

图 7.17 使用模拟和实验方法研究了当随机激励强度增加时的电学响应。采用 10 MΩ 的高阻抗探头进行实验测量。由于电阻足够大(10 MΩ),因此可将电路认定为开路情形。图 7.17中的模拟结果和实验结果的相对误差在允许范围内。如图 7.17 所示,当随机谱密度从

$0.000\ 6g^2/\text{Hz}$ 增加到 $0.002\ 2g^2/\text{Hz}$ 时,有效电压从 10.18 V 增加到 23.90 V,输出功率从 0.01 mW 增加到 0.058 mW。

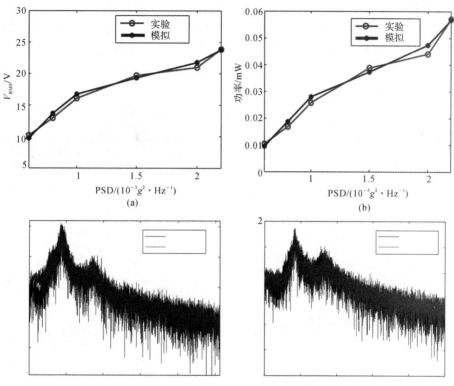

图 7.17　开路情形下模拟结果和实验结果的比较

(a)电压；　(b)功率

图 7.18 为开路情形下,激励为 $0.000\ 6g^2/\text{Hz}$ 和 $0.002\ 2g^2/\text{Hz}$ 时模拟的和实验的电压的功率谱密度图(PSD)。从图中可以看到两个峰值出现在 16.6 Hz 和 33 Hz,分别对应一阶模态和二阶模态的固有频率[160]。当随机激励的谱密度为 $0.000\ 6g^2/\text{Hz}$ 时,电压输出的功率谱密度可以达到 0.8 dB,继续增加随机激励的谱密度至 $0.002\ 2g^2/\text{Hz}$,此时功率谱密度将达到 1.4 dB。

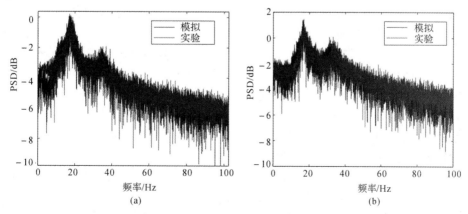

图 7.18　开路情形下模拟结果和实验结果的比较

(a) $0.000\ 6g^2/\text{Hz}$；　(b) $0.002\ 2g^2/\text{Hz}$

当随机激励谱密度为 $0.001g^2/\mathrm{Hz}$ 时,图 7.19 展示了不同电阻时的电压和功率。从图中可以看到,电压随着电阻的增大而增大,而功率在 $R=300\ \mathrm{k\Omega}$ 处出现了最大值。因此,$R=300\ \mathrm{k\Omega}$ 可看作随机激励下产生最优功率的匹配电阻。这一结果与模型在谐波激励下的匹配电阻稍有偏差,可能与随机宽频激励会激起模型的高阶模态有关。为了进一步验证模型的正确性,图 7.19(b)(d)给出了随机谱密度为 $0.001g^2/\mathrm{Hz}$,外接电阻为 300 kΩ,800 kΩ 和 1 000 kΩ时的电学响应。总体上讲,模拟结果和实验结果取得了较好的一致性。

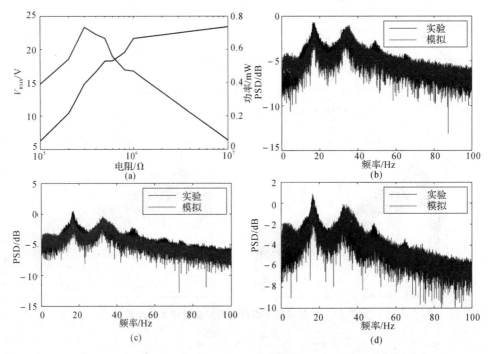

图 7.19　随机谱密度为 $0.001g^2/\mathrm{Hz}$ 时外接电阻对输出电压和功率的影响

(a)最优电阻；　(b)(c)(d)外接电阻为 300 kΩ,800 kΩ 和 1 000 kΩ 时的电学响应

7.5.3　参数分析

本节针对高效受压式能量采集系统开展参数分析研究,获得随机基础激励下质量、弹性梁长度等对电压响应的影响规律。图 7.20(a)给出了外接电阻为 300 kΩ、随机谱密度为 $0.001g^2\cdot\mathrm{Hz}^{-1}$ 时弹性梁长度等对电压响应的影响规律。当其他参数固定时,增加弹性梁的长度 L_1 将引起有效输出电压的增加。为了对比频域响应,图 7.20(b)给出了不同长度时电压的功率谱密度图。可以看出,梁长度的改变还将引起固有频率的变化,较长的弹性梁易于实现低频范围的能量集中输出。当弹性梁长度为 0.03 m 时,PSD 图的峰值相对较低,原因为弹性梁较短时,梁的弯曲效应对能量转换的贡献较大。然而弹性梁长度增加到一定程度时,柔性位移放大装置的应力放大效果才开始呈现。

图 7.21 给出了外接电阻为 300 kΩ、随机谱密度为 $0.001g^2\cdot\mathrm{Hz}^{-1}$ 时质量块对能量输出的影响。可以看出,当质量块的质量从 0.01 kg 增加到 0.09 kg 时,有效电压从 1.87 V 增加到 24.68 V。这是因为较大的质量会导致较低的固有频率,从而增加低频激励下的电压幅值。

然而,质量块是通过弹性梁支撑的,较大的质量必然引起弹性梁的较大变形,由此会增大材料疲劳的趋势,使能量采集装置的寿命变短。

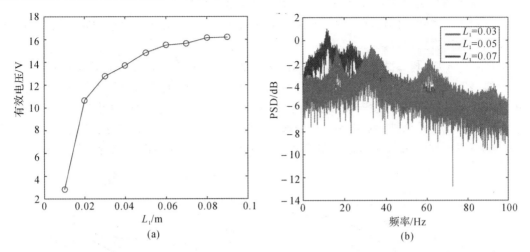

(a)　　　　　　　　　　(b)

图 7.20　外接电阻为 300 kΩ、随机谱密度为 $0.001g^2 \cdot Hz^{-1}$ 时弹性梁长度对能量输出的影响

(a)有效电压；　(b)弹性梁长度 L_1 为 0.03 m,0.05 m 和 0.07 m 时的谱密度

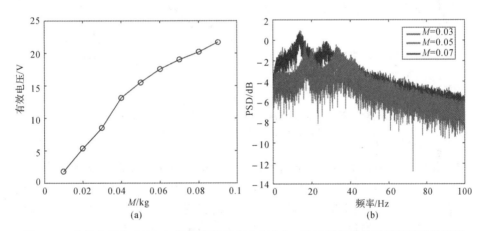

(a)　　　　　　　　　　(b)

图 7.21　外接电阻为 300 kΩ、随机谱密度为 $0.001g^2 \cdot Hz^{-1}$ 时质量块对能量输出的影响

(a)有效电压；　(b)质量 M 为 0.03 kg,0.05 kg 和 0.07 kg 时的谱密度

7.6　性能比较

在本节中,我们将选取一些已有能量采集装置作为参照对象,与本章中提出的高效受压式能量采集装置(HC－PEH)的性能进行比较。目前,已有文献对能量采集装置描述的性能指标不同,因此不能直接将它们和本章的模型比较。由于压电片的体积是进行能量采集效率优化的重要依据,因此采用功率除以体积即功率密度作为比较各种装置性能的一个重要的衡量标准。同时,定义了另一个衡量标准——单位功率密度,它可以通过下式得到:

$$单位功率密度 = \frac{功率}{体积 \times 加速度^2} \qquad (7-19)$$

其中,加速度^{2}可以通过在频带范围上对功率谱密度进行积分获得。

尽管功率密度和单位功率密度并不是一个普适的标准,但是它们能较为客观地给出能量采集装置性能优劣的评价。

根据式(7-19)和已经获得的实验数据,我们计算了高效受压式能量采集系统在不同激励强度下的单位功率密度。图7.22给出了开路情形和最优匹配电阻情形的单位功率密度。从图中可以看出,单位功率密度与激励强度存在正相关关系,但是当激励强度增大到一定程度时,由激励增大所引起的功率密度增大就变得微小。当加速度激励谱密度为$0.0015g^2 \cdot Hz^{-1}$时,最优匹配电阻下的功率为1.1 mW,而开路情形下的功率只有0.0388 mW。

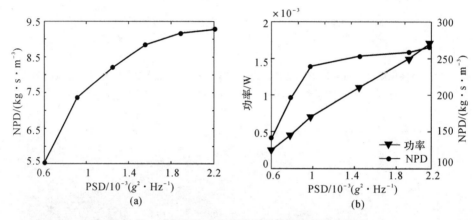

图7.22 不同加速度谱密度下的实验单位能量密度
(a)外接电阻为 10 MΩ; (b)最优匹配电阻

表7-2给出了弱随机激励情形下高效受压式压电能量采集系统和其他已有模型在输出功率、功率密度和单位功率密度几方面的比较。当外接电阻为最优匹配电阻时,高效受压式能量采集装置的有效功率可达1.1 mW,比其他已有的能量采集系统高4倍。在单位功率密度这项指标上,高效受压式能量采集系统也比其他能量采集系统高3倍。

表7-2 随机激励下高效受压式能量采集系统和其他能量采集系统的性能比较

参考文献序号	体积 mm³	功率谱密度 g²/Hz	PSD带宽 Hz	有效电压 mW	功率密度 mW/cm³	单位功率密度 kg·s·m⁻³
[29]	21×20×0.08			0.1×10^{-3}	2.976×10^{-3}	0.010 1
[168]	72.4×72.4×0.27	1.78×10^{-5}	25~75	0.2×10^{-3}	1.41×10^{-4}	1.64
		1.15×10^{-5}	75~150	4.2×10^{-3}	2.96×10^{-3}	35.7
		0.88×10^{-5}	150~250	$3.9 \times 10-3$	2.75×10^{-3}	32.5
		0.35×10^{-5}	25~250	$7 \times 10-3$	4.94×10^{-3}	65.32

续　表

参考文献 序号	体积 mm³	功率谱密度 g²/Hz	PSD 带宽 Hz	有效电压 mW	功率密度 mW/cm³	单位功率密度 kg·s·m⁻³
[169]	52×17×0.2		0~100 0~50 7.5~32.5	0.028 0.04 0.06	0.158 4 0.226 2 0.339 4	0.004 7 0.015 9 0.0359
[170]	5×2×0.000 5		10~2 000	0.116×10⁻³	23.2	4.734 7
[171]	171×22×0.064	1×10⁻⁵	0~30	9×10⁻⁵	3.73×10⁻⁴	1.438 4
[37]	40×10×0.9	0.05	15~100	0.23	0.638 9	1.56
[172]	40×5×0.075			9×10⁻⁵	6×10⁻³	0.612 2
[173]（双稳态） （三稳态）	15×16×0.2	0.03	15~100	2.03×10⁻³ 2.76×10⁻³	0.042 3 0.057 5	0.172 7 0.234 8
[174]（线性态） （单稳态） （双稳态）	46×20.6×0.254	8.25×10⁻⁴	2.5~50	2.025×10⁻⁵ 1.6×10⁻⁵ 5.625×10⁻⁵	8.41×10⁻⁵ 6.65×10⁻⁵ 2.33×10⁻⁴	0.022 3 0.017 7 0.061 9
HC - PEH (OC)/(OR)	32×15×0.7	0.0022 0.0015	10~100 10~100	0.0571 1.1	0.17 3.3	9.2 254.523 6

注:OC＝开路,OR＝最优电阻。

7.7　结　　论

本章建立了高效受压式压电能量采集系统的分布式参数模型,本模型结合了弹性梁的大挠度非线性以及弯张换能装置的应力放大优点。首先,根据广义 Hamilton 理论得到机电耦合振动控制方程,并在扫频激励下和随机激励下进行数值求解。数值结果能准确地描述模型的非线性宽频响应。通过吸引盆等非线性方法解释了硬弹簧特性响应中存在的多解共存现象,改变初始条件可以进一步优化电压响应输出。在随机激励下,增加谱密度和激励的带宽都使得能量采集装置展现出非线性宽频特性。

同时开展了实验验证,发现实验结果和数值结果在峰值电压、发生跳跃的频率、有效电压以及功率谱密度等方面吻合较好。通过参数分析,研究了阻尼、弹性梁长度和材料等参数对电压响应输出的影响规律。采用优化后的参数,系统可以产生更优的力学响应和电学响应。通过与已有的能量采集系统比较,高效受压式能量采集装置（HC - PEH）在单位功率密度等指标上具有明显的优势。

第8章 屈曲受压式能量采集系统

8.1 引　言

　　虽然第 7 章已经证明高效受压式能量采集系统能在较小的加速度激励下拥有较宽的工作频带,但这一模型在调频方面仍然存在改善空间,通过改变质量块实现调频在操作上不太方便。为了进一步提高能量采集系统的鲁棒性以及降低系统的固有频率,我们提出一种屈曲受压式能量采集系统。它由一对固定支承梁和弯张换能器装置构成。在固支梁的一端施加轴向载荷,使其产生屈曲效应。本章工作的创新性在于将受压梁的屈曲效应与弯张换能装置的应力放大效应结合起来。本章还将通过理论和实验验证本方法可提高能量采集效率并实现宽频响应。

　　与磁耦合双稳态相比,通过屈曲效应产生双稳态具有一定的优势。一方面,这种不含磁铁的调频设计避免了无线传感网络应用中电磁干扰的影响;另一方面,这种不含磁铁的设计降低了质量,增加了能量采集装置的能量密度。

　　基于屈曲弹性梁的负刚度特性,这种屈曲受压式能量采集系统在低频区域展现了宽频响应。此外,柔性压缩中心可以充分利用受压梁的屈曲效应以及弯张换能装置的应力放大效应。金属弓形梁对大位移响应时的压电陶瓷板起到保护作用。在本章中,首先建立屈曲受压式能量采集系统的解析模型并通过谐波平衡方法进行求解。然后在谐波激励和随机激励下开展参数研究,利用数值结果、解析结果以及实验结果的一致性充分验证本模型的正确性。通过和已有的高效受压式能量采集系统和双稳态能量采集系统比较,发现屈曲受压式能量采集系统在单位能量密度和能量输出、输入比等方面都具有优势。

8.2 系统设计与建模

　　图 8.1 给出了所提出的 BC - PEH 的示意图和简化模型,其中,我们将轴向载荷作用下的后屈曲梁简化为一种弹簧原件。Thomson 和 Hunt[175] 将浅拱模型简化为一种弹簧质量模型。该模型由两个斜弹簧、一个质量弹簧和一个阻尼器组成。一些研究者将跳跃激励应用至负刚度隔振器[176]和能量采集装置[84,91]中。表 8 - 1 给出了屈曲受压式能量采集装置系统的参数以及符号。根据稳定性理论可知,当轴向载荷超过受压梁屈曲临界载荷时,压电梁会发生屈曲。为了描述方便,不用轴向载荷直接描述轴向力的大小,而是通过等效位移 ΔL 来描述。

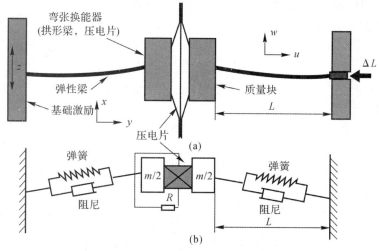

图 8.1 屈曲受压式压电能量采集系统模型

(a)BC－PEH 示意图； (b)简化模型的示意图

表 8－1 屈曲受压式能量采集系统的参数

参数	符号	参数	符号
弹性梁的长度	L	非线性阻尼系数	c_2
质量宽	m	压电片的电容	C_p
弹簧刚度	$K/2$	非线性机电耦合系统	Θ
线性阻尼系数	c_1	电阻	R

当轴向位移增大到 ΔL 时,质量块向上或向下横向平移至一个平衡位置。这时,弹性梁的初始长度为 $L+\Delta L$。因此,弯张换能器的变形可以写成关于质量块位移的函数,即

$$\Delta l = \sqrt{L^2 + x^2} - (L + \Delta L) \tag{8-1}$$

仅考虑证明质量的惯性部分,系统的动能为

$$T = \frac{1}{2} m \dot{x}^2 \tag{8-2}$$

式中,(˙) 表示对时间的导数;m 为等效质量。

系统总势能的表达式可写成

$$U = \frac{K}{2} \Delta l^2 = \frac{K}{2} \left[\sqrt{L^2 + x^2} - (L + \Delta L) \right]^2 \tag{8-3}$$

根据欧拉-拉格朗日方程,振动控制方程可写成

$$\frac{\mathrm{d}}{\mathrm{d}t} \left[\frac{\partial (T-U)}{\partial \dot{x}} \right] - \left[\frac{\partial (T-U)}{\partial x} \right] = m\ddot{x} + Kx \left[1 - \frac{L + \Delta L}{\sqrt{L^2 + x^2}} \right] \tag{8-4}$$

其中,$T-U$ 为拉格朗日函数;x 为相对位移。现在假设系统受外部谐波激励,能量通过机电耦合和阻尼耗散,方程式(8－4)可改写为

$$m\ddot{x} + Kx \left[1 - \frac{L + \Delta L}{\sqrt{L^2 + x^2}} \right] = m\ddot{z} - c_1 \dot{x} - c_2 |\dot{x}|\dot{x} - \Theta x V \tag{8-5}$$

式中，$z(t)$ 为横向位移激励；c_1 和 c_2 分别为线性阻尼系数和非线性阻尼系数；Θ 为非线性压电耦合系数；V 为压电片的输出电压。

电荷平衡方程为

$$\frac{V}{R} = \Theta x \dot{x} - C_p \dot{V} \qquad (8-6)$$

式中，C_p 为等效电容。

结合式(8-5)和式(8-6)，假设 $x \ll L$，利用泰勒级数表达式，得到完整的机电耦合方程组为

$$\left. \begin{aligned} m\ddot{x} + K\frac{\Delta L}{L}x + K\frac{L+\Delta L}{2L^3}x^3 &= m\ddot{z} - c_1\dot{x} - c_2\left|\dot{x}\right|\dot{x} - \Theta xV \\ \frac{V}{R} &= \Theta x\dot{x} - C_p\dot{V} \end{aligned} \right\} \qquad (8-7)$$

令 $k_1 = -K\dfrac{\Delta L}{L}$ 和 $k_3 = K\dfrac{L+\Delta L}{2L^3}$，则屈曲受压式能量采集系统的非线性机电耦合方程可以表示成

$$\left. \begin{aligned} m\ddot{x} + c_1\dot{x} + c_2\left|\dot{x}\right|\dot{x} - k_1 x + k_3 x^3 + \Theta xV &= m\ddot{z} \\ C_p\dot{V} + \frac{V}{R} &= \Theta x\dot{x} \end{aligned} \right\} \qquad (8-8)$$

方程中的负刚度以及非线性项分别来自于轴向载荷引起的屈曲以及大挠度引起的应力-应变关系。对于大振幅阱间运动，压电能量采集系统上的电荷积累速率不仅与速度有关，而且与位移有关。因此，使用非线性阻尼来描述机械能损耗更为恰当。到目前为止，非线性阻尼项通常被视为等效黏性阻尼。等效阻尼如下[177]：

$$c_{eq} = c_2 2\pi \frac{\Gamma(2)}{\Gamma(2.5)}\Omega x \qquad (8-9)$$

其中，Γ 表示标准函数。需要注意的是，等效阻尼取决于振幅和振动频率。

假设激励为谐波形式，即

$$\ddot{z}(t) = A\cos(\Omega t) \qquad (8-10)$$

其中，A 为加速度大小；Ω 为激励频率。

为了方便分析和比较非线性方程的稳态响应，采用如下变换：$\omega_n = \sqrt{\dfrac{2k_1}{m}}$，$\xi_1 = \dfrac{c_1}{m\omega_n}$，$\xi_{eq} = \dfrac{2}{\sqrt{\pi}}\dfrac{\Gamma(2)}{\Gamma(2.5)}\dfrac{c_{eq}}{m\omega_n}X$，$\omega = \dfrac{\Omega}{\omega_n}$，$\theta = \dfrac{\Theta}{2k_1}$，$\alpha = \dfrac{k_3}{2k_1}$，$\kappa = \dfrac{\theta}{C_p}$，$\lambda = \dfrac{1}{RC_p\omega_n}$，得到无量纲控制方程为

$$\left. \begin{aligned} \ddot{x} + (\zeta_1 + \xi_{eq})\dot{x} - \frac{1}{2}x + \alpha x^3 + \theta xV &= f\cos(\omega t) \\ \dot{V} + \lambda V &= \kappa x\dot{x} \end{aligned} \right\} \qquad (8-11)$$

8.3　谐波平衡法

本节采用谐波平衡法(HBM)研究了谐波激励下的阱内和阱间运动等动力学稳态响应。将系统的稳态响应假定为截断的傅里叶级数形式，即

$$x = c + a\sin(\omega t) + b\cos(\omega t) \tag{8-12}$$

8.3.1 阱内运动

当激励强度较小时,双稳态能量采集装置在其两个平衡位置之一附近振动,弹性挠度较小。假定变形与位移近似成正比,压电能量采集系统的电压可写成

$$V = p\sin(\omega t) + q\cos(\omega t) \tag{8-13}$$

考虑到机械响应变化较慢,可以忽略二阶和更高阶项。位移和电压的导数可表示为

$$\left.\begin{aligned}
\dot{x} &= \dot{c} + (\dot{a} - b\omega)\sin(\omega t) + (\dot{b} + a\omega)\cos(\omega t) \\
\ddot{x} &= (2\dot{a} - b\omega)\omega\cos(\omega t) - (2\dot{b} + a\omega)\omega\sin(\omega t) \\
\dot{V} &= (\dot{p} - q\omega)\sin(\omega t) + (\dot{q} + p\omega)\cos(\omega t)
\end{aligned}\right\} \tag{8-14}$$

将式(8-13)和式(8-14)代入式(8-11),分别平衡 $\sin(\omega t)$ 和 $\cos(\omega t)$ 的系数,得

$$\left.\begin{aligned}
&-\frac{c}{2} + (\zeta_1 + \zeta_{eq})\dot{c} + \frac{\alpha}{2}(3a^2 + 3b^2 + 2c^2)c + \frac{\theta}{2}(ap + bq) = 0 \\
&(2\dot{a}\omega - b\omega^2) + (\zeta_1 + \zeta_{eq})(\dot{b} + a\omega) - \frac{b}{2} + \frac{3\alpha}{4}b(a^2 + b^2) + 3\alpha bc^2 + c\theta q = A \\
&(2\dot{b}\omega - a\omega^2) + (\zeta_1 + \zeta_{eq})(\dot{a} - b\omega) - \frac{a}{2} + \frac{3\alpha}{4}a(a^2 + b^2) + 3\alpha ac^2 + c\theta p = 0 \\
&(\dot{q} + p\omega) + \lambda q = (\kappa c)(\dot{b} + a\omega) + \dot{c}\kappa b \\
&(\dot{p} - q\omega) + \lambda p = (kc)(\dot{a} - b\omega) + \dot{c}\kappa a
\end{aligned}\right\} \tag{8-15}$$

忽略所有时间导数项,只考虑稳态响应,有

$$\left.\begin{aligned}
&-\frac{c}{2} + \frac{\alpha}{2}(3a^2 + 3b^2 + 2c^2)c + \frac{\theta}{2}(ap + bq) = 0 \\
&-b\omega^2 + (\zeta_1 + \zeta_{eq})(a\omega) - \frac{b}{2} + \frac{3\alpha}{4}b(a^2 + b^2) + 3\alpha bc^2 + c\theta q = A \\
&-a\omega^2 - (\zeta_1 + \zeta_{eq})(b\omega) - \frac{a}{2} + \frac{3\alpha}{4}a(a^2 + b^2) + 3\alpha ac^2 + c\theta p = 0 \\
&p\omega + \lambda q = \kappa ca\omega \\
&-q\omega + \lambda p = -\kappa cb\omega
\end{aligned}\right\} \tag{8-16}$$

使用 $r = (a^2 + b^2)^{\frac{1}{2}}$ 和 $r_V = (p^2 + q^2)^{\frac{1}{2}}$ 分别表示位移幅值和电压幅值。因此,通过外部电阻负载的最大有效功率可表示为

$$\left.\begin{aligned}
c &= \left(\frac{1}{2\alpha} - \frac{3r^2}{2} - \frac{\theta\kappa r^2\omega^2}{2\alpha(\lambda^2 + \omega^2)}\right)^{\frac{1}{2}} \\
r &= \frac{A}{(B_1^2 + C_1^2)^{\frac{1}{2}}} \\
r_V &= \frac{rc\kappa\omega}{(\lambda^2 + \omega^2)^{\frac{1}{2}}}
\end{aligned}\right\} \tag{8-17}$$

其中

$$B_1 = -\omega^2 - \frac{1}{2} + \frac{3\alpha}{4}r^2 + 3\alpha c^2 + \frac{\theta\kappa c^2\omega^2}{\lambda^2 + \omega^2}$$

$$C_1 = \frac{\theta\kappa c^2\omega\lambda}{\lambda^2 + \omega^2} + (\zeta_1 + \zeta_{eq})\omega$$

8.3.2 阱间振动

由于屈曲受压式能量采集系统的期望响应形式为大幅的阱间运动,在本节中将推导出关于阱间振动的解析解。在阱间振动时,位移响应关于 $x=0$ 对称,并且通过实验测得压电材料的响应频率为位移响应频率的 2 倍,因此电压的稳态响应可表示成

$$\left.\begin{array}{l} V = p\sin(2\omega t) + q\cos(2\omega t) \\ \dot{V} = (\dot{p} - 2q\omega)\sin(2\omega t) + (\dot{q} + 2p\omega)\cos(2\omega t) \end{array}\right\} \quad (8-18)$$

利用和阱内运动的相同处理过程,阱间运动的稳态响应可通过以下方程获得:

$$\left.\begin{array}{l} c = 0 \\ -b\omega^2 + (\zeta_1 + \zeta_{eq})(a\omega) - \dfrac{b}{2} + \dfrac{3\alpha}{4}b(a^2 + b^2) + 3\alpha bc^2 + \dfrac{\theta}{2}(ap + bq) = A \\ -a\omega^2 - (\zeta_1 + \zeta_{eq})(b\omega) - \dfrac{a}{2} + \dfrac{3\alpha}{4}a(a^2 + b^2) + 3\alpha ac^2 + \dfrac{\theta}{2}(-aq + bp) = 0 \\ 2p\omega + \lambda q = \kappa ab\omega \\ -2q\omega + \lambda p = \dfrac{\kappa\omega(a^2 - b^2)}{2} \end{array}\right\} \quad (8-19)$$

因此,位移和电压响应的幅值为

$$r = \frac{A}{(B_2^2 + C_2^2)^{\frac{1}{2}}}, \quad r_V = \frac{r^2\kappa\omega}{2(\lambda^2 + 4\omega^2)^{\frac{1}{2}}} \quad (8-20)$$

其中

$$B_2 = -\omega^2 - \frac{1}{2} + \frac{3\alpha}{4}r^2 + 3\alpha c^2 + \frac{\kappa\theta r^2\omega^2}{(\lambda^2 + 4\omega^2)}$$

$$C_2 = \frac{\kappa\theta\omega\lambda r^2}{2(\lambda^2 + 4\omega^2)} + (\zeta_1 + \zeta_{eq})\omega$$

通过电阻负载的最大有效功率可以表示为以下形式:

$$\left.\begin{array}{ll} P = \dfrac{V^2}{R} = \dfrac{r^2c^2\kappa^2\omega^2}{(\lambda^2 + \omega^2)R} & \text{(阱内)} \\[3mm] P = \dfrac{V^2}{R} = \dfrac{r^4\kappa^2\omega^2}{4(\lambda^2 + 4\omega^2)R} & \text{(阱外)} \end{array}\right\} \quad (8-21)$$

图 8.2 给出了计算稳态响应解析结果的流程图。最终计算结果的精度取决于步长。为了开展解析研究,先通过实验或有限元方法获得数据[178],再根据参数辨识方法[179]得到系统的结构参数(见表 8-2)。

表 8-2 谐波平衡分析过程中使用的参数

参数	符号/单位	数值	参数	符号/单位	数值
质量	m/g	20	非线性刚度比	α	312 500
固有频率	ω_n/Hz	14.23	机电耦合常数	θ	30×10^{-5}
线性阻尼系数	ζ_1	0.3	时间常数	λ	3.333 3
非线性阻尼系数	ζ_{eq}	7.5	等效电容	C_p/nF	30

图 8.3 给出了通过解析和数值方法计算出的位移和功率响应。横坐标为频率比,即激励

频率与固有频率的比值。图中解析结果用粗线表示,向前扫频和向后扫频的数值结果用细线表示。谐波平衡方法的阱内响应偏离零平衡位置,这是屈曲式能量采集系统和未屈曲式能量采集系统的主要区别。如图 8.3 所示,尽管在某些位置,谐波平衡方法不能针对如混沌和超谐区域取得很好的预测结果,但是它提供了一种预测高能解和低能解转换参数范围的方法,可以很好地展示实验无法获得的不稳定解等动力学特性。

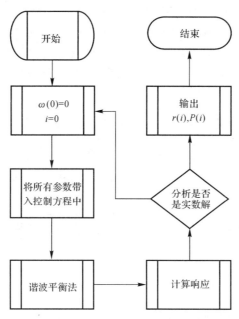

图 8.2　计算稳定的解析解的流程图

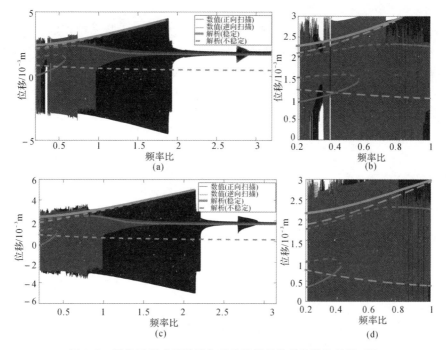

图 8.3　屈曲受压式能量采集系统的解析结果和数值结果对比

(a)(b) 3 m/s²;　(c)(d) 5 m/s²

8.4　参　数　分　析

图 8.4(a)为当加速度为 $0.3g$, $0.4g$ 和 $0.5g$ 时,激励水平对阱间振动响应的影响规律。实线对应解析模型得到的稳定解,而虚线对应不稳定解。随着激励频率的增加,系统出现明显的非线性跳跃现象,发生跳跃的临界频率随着激励的幅值呈现正相关关系。对于功率,此处只给出了稳定解随频率的变化趋势。从图 8.4(b)中可以看出,维持高能量轨道的频率范围随着激励强度的增大而增大。因此,双稳态能量采集器的显著优势在于能够在较宽的低频范围内实现高能轨道。

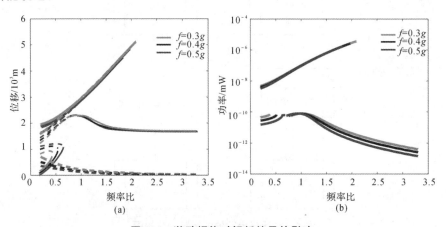

图 8.4　激励幅值对解析结果的影响

(a)不同激励水平下的阱间振动响应;　(b)功率响应

图 8.5 显示了给定基础激励下阻尼对阱间振动的影响规律。从图中可以发现,阻尼的改变极大地影响了阱间振动,而对阱内振动的影响不大。此外,增加阻尼对向上跳跃(阱内到阱间)的频率影响不太明显,而对向下(阱间到阱内)跳跃频率具有明显的抑制作用。因此,从全局的角度来看,黏性阻尼越小,有效工作频带越宽,输出功率越大。

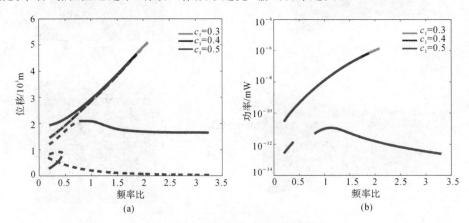

图 8.5　阻尼对解析结果的影响

(a)不同阻尼水平下的阱间振动响应;　(b)相应的功率响应

图 8.6 分别描述了三种电阻情形时的位移响应和功率响应。可以看到，电阻载荷对机械响应的影响并不明显。因此，我们的结论是，对于机电耦合系统，黏滞阻尼消耗的能量远远大于外部电阻所转换的能量。由三种不同电阻时的功率响应可以看出，高能解的带宽基本相同，10^5 Ω 时的功率明显高于 10^6 Ω 和 10^7 Ω 时的功率。由此可以推断，在一定的频率范围内，存在一个匹配负载电阻值能获得最大的能量采集功率。这与 Erturk 和 Inman[65] 的实验结果一致（将在第 8.6 节给出实验验证）。

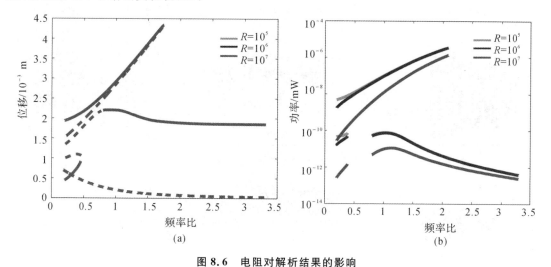

图 8.6 电阻对解析结果的影响

(a)不同电阻下的阶间振动响应； (b)相应的功率响应

8.5 数 值 模 拟

如图 8.7 所示，为了全面研究能量采集系统的性能，本节详细研究了扫频激励下的分岔特性、功率响应和频谱分析。通过变步长 Ronge - Kutta 方法进行计算，具体参数见表 8 - 2。

通过选择激励水平选择为 3 m/s²，4 m/s² 和 5 m/s²，分析激励水平对响应的影响。在图 8.7(a)中，当激励选取为 3 m/s² 时，系统围绕两个平衡位置振动，但当频率增大到 24 Hz（频率比＝1.68）时，系统重新围绕一个平衡位置进行振荡。在 12～24 Hz 的大幅周期运动频谱中，可看到基频和高次谐波分量；在 40 Hz 左右（频率比＝2.75）可观察到亚谐波共振，并由此引发周期 2 运动。

如图 8.7(b)所示，当激励幅值增大到 4 m/s² 时，屈曲式能量采集系统的频带达到 23.5 Hz。混沌运动在低频范围呈现，它的频谱中包含着分布在 2～60 Hz 的复杂频率成分。从能量采集的有效功率角度讲，这种运动所产生的能量比大幅周期运动获得的能量要少。当激励为 5 m/s² 时，由于输入的机械能量的增大，质量块能够容易地跨过势能垒，因此这种情形下的阶间振动的频率范围更大，高阶的谐波分量的层次更加清晰。如图 8.7(c) 所示，较大的能量输入使系统的有效工作频带拓展至 5～32 Hz，在这一宽频范围上都有较高的电压输出。

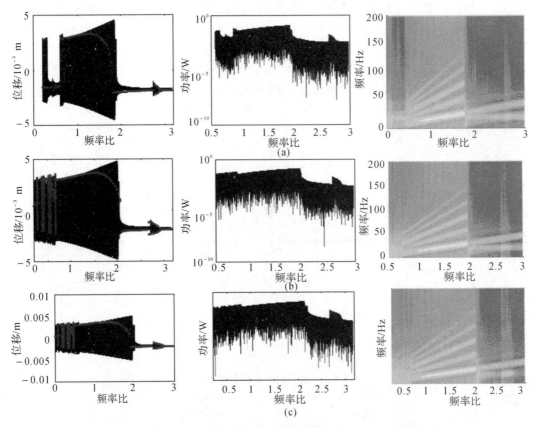

图 8.7   在扫频激励下的能量采集装置的机电响应及其频谱

(a) 3 m/s²;   (b) 4 m/s²;   (c) 5 m/s²

其中点线为三种激励水平下关于频率比的分岔图

图 8.8 给出了位移波形图、包括 Poincaré 截面的相平面图和功率谱密度。从图中可以看出，系统在 8 Hz 时出现混沌，这时相图中存在奇怪吸引子，在相应的 Poincaré 截面上出现了大量的不规则点。当频率增大到 20 Hz 时，系统出现双阱周期 1 运动，响应中包含规整的倍频率分量。然后，将频率进一步提高到 39 Hz，由于次谐波共振的原因，系统出现了周期 2 响应。最后，当将激励设定为 42 Hz 时，由于逆倍周期分岔的原因，系统重新呈现周期 1 运动，响应限制在单个的势能阱当中。这些图验证了图 8.7 所示的分岔图和频谱分析。

除了探讨频率的影响外，我们还对增加激励水平对机械和电压响应的影响进行了数值研究。图 8.9 列出了当激励频率设定为 20 Hz 时，相同初始条件下的稳态解析解和增大（或减小）加速度激励强度时的数值解。当激励水平在大范围内调整时，与正向扫加速度获得的响应相比，反向扫加速度获得响应在高能量分支中所占的比例更高。从图中可以发现，在低强度激励下，屈曲受压式能量采集系统遵循阱内振动模式，呈现低能轨道。当激励水平达到一定强度时，系统呈现阱间振动，响应趋于高能轨道。稳态数值结果与正向扫频加速度所获得数值结果较为贴近。因此，如果能采取措施使系统响应沿高能轨道运动，将大大提高能量采集效率。

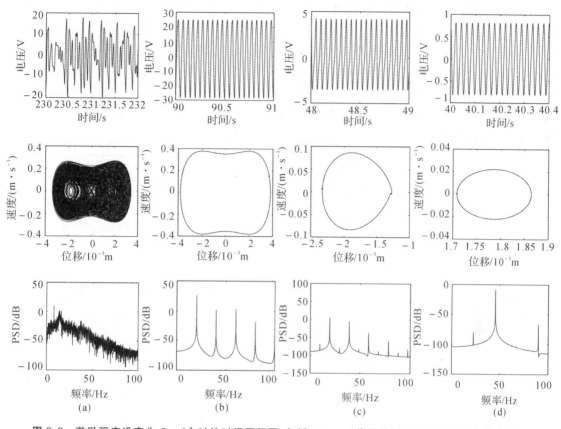

图 8.8　激励强度设定为 5 m/s² 时的时间历程图、包括 Poincaré 截面的相平面图以及功率谱密度图

(a) 8 Hz；　(b) 20 Hz；　(c) 39 Hz；　(d) 42 Hz

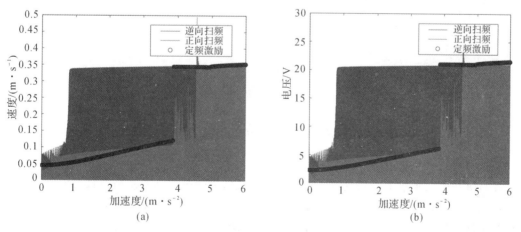

图 8.9　不同激励水平下的数值模拟结果

(a)速度响应；　(b)电压响应

图 8.10 为不同初速度条件下的稳态响应。在数值模拟中,初始位移固定在 0.001 6 m,即以屈曲受压式能量采集系统的上平衡位置为初始挠度。同时,基于文献[160－161]的实验测量值,速度以步长为 0.02 m/s 的变化速率在－1～1 m/s 范围内变化。当激励频率设定为 5 Hz 时,初始速度对稳态电压的影响分为两种情况进行讨论。第一种情况,在 0.2g 的激励水平下,58%的总初速度可以引起屈曲受压式能量采集系统在高能轨道上振动。当激励水平提高到 0.3g 时,引起高能轨道的初始速度比例提高到 79%。可以看出,引起高能量轨道的初速度比例随激励强度的增加而增大。

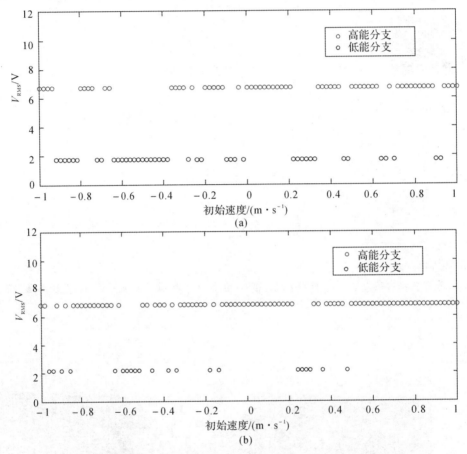

图 8.10 在给定加速度激励下调整初始速度所获得的稳态电压响应

(a)$a=0.2g$; (b)$a=0.3g$

提高阱间跳跃次数主要通过增强激励强度和降低势能垒的高度。高能轨道依赖于初始条件,Masana 和 Daqaq[70]研究了不同稳定解的吸引盆。图 8.11 给出了吸引盆。当系统从不同的初始条件出发时,稳态响应趋于不同的分支。在图 8.11(a)中,激励频率设定为 8 Hz,高能分支部分用 F_H 表示,混沌分支用 F_C 表示。当激励频率增大到 12 Hz 时,整个初始参数域内只存在周期运动,混沌的概率降低[见图 8.11(b)]。当激励频率继续增大到 22 Hz 时,相平面被划分为 F_H 表示的高能分支以及 F_L 表示的低能分支。在图 8.11(d)中,当频率设置为 35 Hz 时,相平面上除了 F_H 表示的高能分支以及 F_L 表示的低能分支外,还有 F_T 表示的阱间周期 3 运动,其中白色圆点表示它的吸引子。通过对这一系列图形的比较可知,响应保持在高能解的概率将在接近固有频率处达到最大。

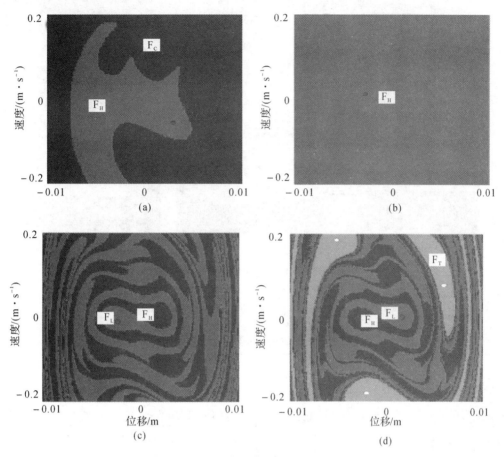

图 8.11　5 m/s² 加速度激励时的吸引盆

(a)8 Hz；　(b)12 Hz；　(c)22 Hz；　(d)35 Hz

8.6　实　验　验　证

8.6.1　谐波激励

为了验证数值模拟所得到的结论,现在开展相应的实验验证。实验平台如图 8.12 所示,使用的压电材料为 PZT－5H,它的有效体积为(32×15×0.7) mm³。主要结构和材料参数见表 8-3。利用振动台向屈曲受压式能量采集系统提供机械振动激励,使用功率放大器对振动信号进行放大,采用示波器(Tektronix 3014)和激光多普勒测位仪(Polytec OFV－534)采集产生的机械响应和电学响应。

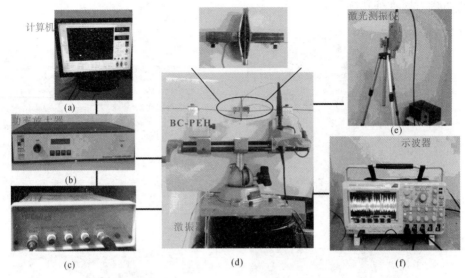

图 8.12 实验平台

(a)计算机； (b)功率放大器； (c)控制器；
(d)固定在振动台上的屈曲受压式能量采集系统； (e)多普勒激光测振仪； (f)示波器

表 8 – 3 屈曲受压式能量采集系统的物理和几何参数

参数/单位	数值	参数/单位	数值
弹性梁的长度/mm	40	质量块/g	20
弹性梁的宽度/mm	5	弹性梁的厚度/mm	0.48
弹性梁的密度/(kg·m^{-3})	7 800	弹性梁的杨氏模量/GPa	210
弓形梁的密度/(kg·m^{-3})	2 700	弓形梁的杨氏模量/GPa	69
压电板的密度/(kg·m^{-3})	7 800	压电板的杨氏模量/GPa	69
机电耦合系数 d_{31}/(C·N^{-1})	-280×10^{12}	机电耦合系数 e_{33}/(F·N^{-1})	4×10^{-8}
压电板的几何尺寸/mm³	32×15×0.7		

　　图 8.13 给出了正向和逆向扫频的速度和电压响应。实验中的扫频速率设定为 0.1 Hz/s,采用这么小的扫频速率是为了避免相邻频率的激励干扰。当激励频率向前或者向后扫频时,都发现了明显的跳跃非线性现象。随着激励的增大,有效工作带宽也具有增大的趋势,特别是当激励从 $0.3g$ 增大到 $0.5g$ 时,向下跳跃的频率从 24 Hz 增大到 32 Hz。如图 8.13 所示,数值结果中的响应幅值、跳跃频率和实验结果相互对应。然而,由于非线性能量采集系统的实验验证非常依赖于初始条件,解析解和数值解在逆向扫频时有微小的偏差。

　　屈曲程度 $\Delta L/L$ 为有别于线性能量采集系统的一个重要指标。图 8.14 将峰值电压和带宽作为衡量标准,来比较不同的屈曲程度对能量采集效果的影响规律。应当指出,本章中的有效带宽指的是半功率带宽。通过实验获得了最优的屈曲程度,当屈曲程度较低时,屈曲受压式能量采集系统具有类似于单稳态非线性的高效受压式能量采集系统的特性[160-161];当屈曲程度较大时,较高的势能垒阻碍了阱间振动的发生。图 8.14(c)(d)分别为向前扫频和向后扫频所获得的频率响应。

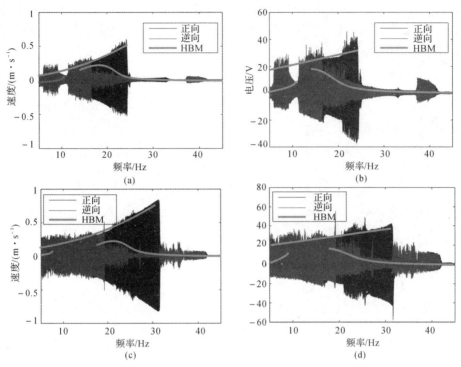

图 8.13　不同激励水平下的机械响应和电学响应

(a)(b) $0.3g$；　(c)(d) $0.5g$

图中实验结果都是基于开路情形测量获得的。

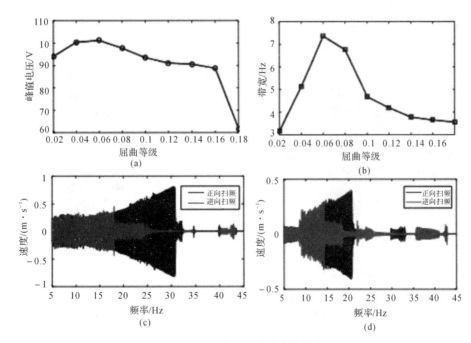

图 8.14　屈曲程度对响应的影响

(a)峰值电压；　(b)带宽；　(c)$\Delta L/L = 0.06$；　(d)$\Delta L/L = 0.1$

图 8.15 给出了 0.4g 加速度激励时,外电阻对屈曲受压式能量采集系统的电压和功率的影响规律。如图 8.15 所示,功率随着电阻的增加先增加后减小,在 200 kΩ 附近功率达到最大值23 mW。因此,200 kΩ 可当作实现功率最大化的匹配电阻,这与通过线性能量采集系统的最优匹配电阻计算公式

$$R = \frac{1}{C_p \omega_n} \qquad (8-22)$$

所获得的结果相接近。其中,C_p 为压电层电容;ω_n 为一阶谐振频率。在我们的装置中,测量压电片的内部电容为 33 nF。

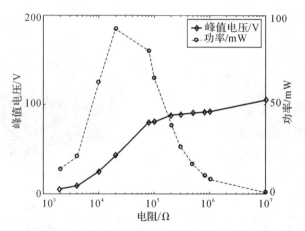

图 8.15　0.4g 加速度激励时外电阻对屈曲受压式能量采集系统的电压和功率的影响

如图 8.16 所示为 40 kΩ、200 kΩ 和 800 kΩ 三种电阻情形下,不同电阻对电耦合系统机械响应的影响规律。总的来说,扫频激励下的速度峰值随着电阻的减小而略有增加,电阻对机械响应的反效应并不明显。这一现象可以通过电阻尼进行解释,电阻尼效应消耗了系统的一部分动能。

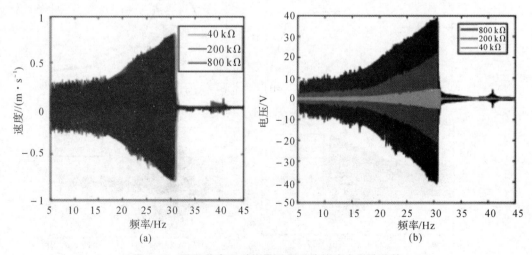

图 8.16　不同外电阻对能量采集系统的响应影响规律

(a)机械响应；　(b)电学响应

图 8.17 为相同初始条件下,当激励频率为 20 Hz 时,减小加速度(反向扫频)以及增大加速度激励(正向扫频)所得的实验响应。从正向扫加速度激励图中可以看出,在低水平激励下,屈曲受压式能量采集系统往往遵循低能量分支解。当激励强度增加到 0.3g 时,由于混沌现象的出现,电压略有增加。当进一步增加激励强度到 0.5g 时,系统呈现高能轨道分支。而在逆向扫加速度激励图中,即使加速度低至 0.1g,系统在较宽的加速度范围上也能实现高能轨道响应,输出大幅电压。这一结果和文献[160]中观察到的现象一致,可以通过非线性系统初始条件的敏感性进行解释。

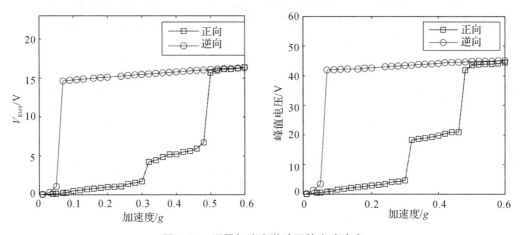

图 8.17　不同加速度激励下的实验响应

(a)加速度-RMS 电压；　(b)加速度-峰值电压

8.6.2　限带随机激励

由于环境激励具有非平稳、宽频的特性,仅仅通过扫频激励研究屈曲受压式能量采集系统是不充分的。因此,在本节我们使用限带白噪声激励研究屈曲受压式能量采集系的宽带特性。

图 8.18(a)给出了随机激励的时间历程样本数据,从 PSD 谱图可以看出,输入能量集中在 10～100 Hz 之间。这个频率范围涵盖了典型环境动能和振动能量的有效 PSD 范围。为了产生限带随机激励,先通过 MATLAB 产生一组随机白噪声激励,再让其通过频带范围为 10～100 Hz 的带通滤波器。随机激励的强弱可以通过设定 PSD 来调节,它的基本单位是 g^2/Hz。对 PSD 在频率范围内积分并开方,将得到限带随机激励的标准差。

图 8.19 为不同屈曲程度下,通过实验方法获得的随着激励强度增加的电压响应输出。由于使用的高阻探头的电阻最大可达 10 MΩ,因此可视能量采集电路为开路情形。从图中可以看出,当随机激励强度从 0.000 5 g^2/Hz 增加到 0.003 5 g^2/Hz 时,$\Delta L=5.221$ mm 屈曲程度产生的 RMS 电压在各个激励水平上都优于屈曲程度为 $\Delta L=5.212$ mm 时。为了探讨随着加速度增加的随机动力学行为,图 8.19(b)～(d)给出使用快速傅里叶变换(FFT)得到的压电响应的谱密度。在低强度激励下,位移响应限制在单个势能阱当中,频谱的峰值非常明显并且峰值处的频率对应着屈曲受压式能量采集系统的后屈曲固有频率。当激励水平增加到 0.0001 5 g^2/Hz 时,由于势阱之间的频繁跳变,在低频范围内 PSD 幅值显著增加,频谱的峰值变得不

清晰。当激励水平进一步增加到 $0.003\ 5\ g^2/\text{Hz}$ 时,频谱的峰值更加模糊和平坦,说明两种屈曲程度时的结构均由于相干共振发生大幅阱间跳跃。这些结论与图 8.19(a)中关于电压响应的统计结果一致。

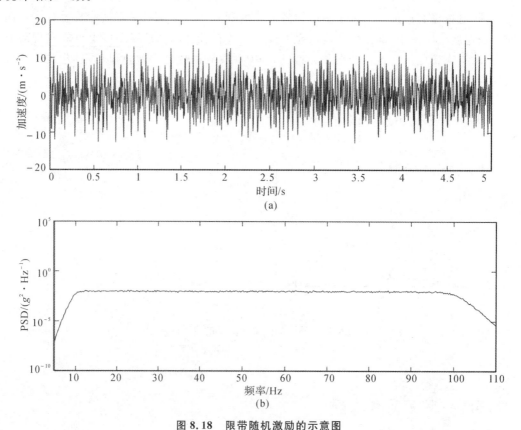

(a)

(b)

图 8.18　限带随机激励的示意图

(a)加速度时域曲线;　(b)功率谱密度(10～100 Hz)

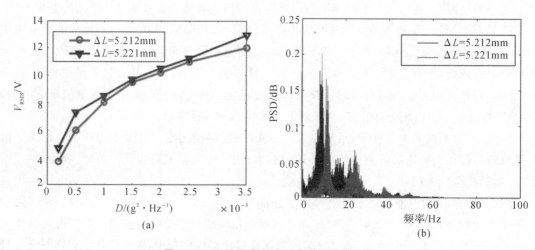

(a)

(b)

图 8.19　两种屈曲程度下电学响应的比较

(a)屈曲程度为 $\Delta L=5.212\ \text{mm}$ 和 $\Delta L=5.221\ \text{mm}$ 时的有效电压

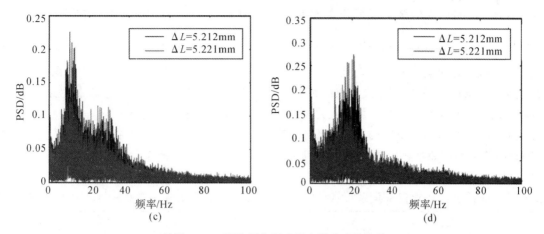

续图 8.19　两种屈曲程度下电学响应的比较

(b)(c)(d)激励强度分别为 0.000 2 $g^2/$Hz、0.000 5 $g^2/$Hz 和 0.003 5 $g^2/$Hz 时的响应

8.7　性　能　比　较

在本节,我们选择双稳态能量采集装置以及第 7 章所研究的高效受压式能量采集系统 HC-PEH 为参照对象,和本章中提出的屈曲受压式能量采集系统 BC-PEH 进行比较。由于已有文献中关于双稳态能量采集工作是基于不同的加速度激励强度的,因此此处选择单位功率密度作为参照指标进行比较。其中单位功率密度可以定义为

$$单位功率密度 = \frac{功率}{体积 \times 加速度^2} \qquad (8-23)$$

表 8-4 给出了屈曲受压式能量采集系统和其他双稳态能量采集系统的功率密度、单位功率密度的比较结果。实验结果表明,该装置的单位功率密度可达 369×10^3 mW·s^{-2}·cm^{-3},是目前常见的双稳态能量采集器单位功率密度的 2 倍。

表 8-4　屈曲受压式能量采集系统和其他双稳态能量采集系统的能量密度

参考文献编号	输入激励 m·s^{-2}		体积 mm^3	功率 mW	功率密度 mW·cm^{-3}	单位功率密度 mW·s^{-2}·cm^{-3}
[68]	扫频	20	40 000	34	0.675	33 750
[76]	扫频	10	19 000	100	0.038	3 800
[180]	扫频	14	9 900	100	0.014 1	1 004
[181]	扫频	3	48 000	16	0.33	110 000
[182]	扫频	10	130 700	210	1.6	160 000
本结构	扫频	4.9	12 700	23	1.81	369 000

表 8-5 给出了本章提出的屈曲受压式压电能量采集系统(BC-PEH)的输出功率、功率密度和单位输入力功率(PNMA),并将其与第 6 章和第 7 章提出的高效受压式压电能量采集

系统(HC‐PEH)在弱强度激励下的结果进行了比较。单位输入力功率(PNMA)定义为 $PNMA = \dfrac{功率}{质量 \times 加速度^2}$，它可用于比较不同质量和加速度的能量采集结构。在随机激励情况下，加速度^{2}是加速度激励的方差，它可以通过对功率谱密度(PSD)沿频率带宽积分得到。在最佳电阻条件下，屈曲受压式压电能量采集系统(BC‐PEH)在扫频激励和随机激励下能产生较宽的有效带宽和较高的单位输入力功率(PNMA)，几乎达到同等条件下高效受压式压电能量采集系统(HC‐PEH)的 2 倍。此外，通过优化屈曲受压式压电能量采集系统(BC‐PEH)的结构参数和材料参数，可以进一步提高屈曲受压式压电能量采集系统(BC‐PEH)的性能。

表 8‐5   屈曲受压式能量采集系统(BC‐PEH)和高效受压式能量采集系统(HC‐PEH)的比较

	输入激励 $m \cdot s^{-2}$	带宽 Hz	质量 g	体积 mm^3	功率 mW	功率密度 $mW \cdot cm^{-3}$	单位输入力的功率密度 s^{-1}
HC‐PEH	扫频/2	3.8	20	32×15×0.7	45	13.4	112.5
	随机/3.6		100	32×15×0.7	0.038 8	0.104	0.107 8
本结构 BC‐PEH	扫频/4.9	7.4	20	32×15×0.7	23	64.584	234.9
	随机/2		20	32×15×0.7	0.010 6	0.0315	0.265

8.8   结   论

本章提出了一种新型的屈曲受压式能量采集装置(BC‐PEH)以及分析机电耦合系统的强非线性动态响应理论框架，并对所提出的屈曲受压式能量采集装置(BC‐PEH)进行了数值模拟和实验研究。利用谐波平衡法对建立的无量纲动力学模型进行求解，探讨了不同参数对屈曲受压式能量采集装置(BC‐PEH)能量采集性能的影响规律。采用谐波平衡法和实验法进行了参数分析。结果表明，当参数选择遵循低阻尼、匹配电阻和优化屈曲程度等原则时，屈曲受压式能量采集装置(BC‐PEH)具有最优的能量采集性能。

数值模拟结果表明，屈曲受压式能量采集装置(BC‐PEH)在谐波激励下存在倍周期以及混沌运动。通过实验验证了数值模拟的正确性，并在宽频范围内显示了明显的阱间振动响应。通过对吸引盆的研究，发现其依赖于初始速度和位移的多解共存现象，从而提出了一种保持高能轨道的控制思路。在低强度的随机激励下，响应被限制在单个势能阱中。随着激励强度的提高，相干共振使系统在两个势阱之间出现频繁跳变的状态，并提高功率输出。

本章提出的屈曲受压式能量采集装置(BC‐PEH)的单位功率密度可达(369×10^3) $mW \cdot s^2 \cdot cm^{-3}$，是其他双稳态能量采集装置的 2 倍多。与第 7 章提出的高效受压能量采集系统(HC‐PEH)相比，屈曲受压式能量采集装置(BC‐PEH)产生大幅双阱运动的有效工作带宽提高了 194%，单位输入力的功率(PNMA)提高了 247%。

参 考 文 献

[1] ANTON S R, SODANO H A. A review of power harvesting using piezoelectric materials (2003 – 2006)[J]. Smart materials and Structures, 2007, 16(3): R1.

[2] INMAN D J, GRISSO B L. Towards autonomous sensing[C]//Smart Structures and Materials. San Diego, California, United States: International Society for Optics and Photonics, 2006: 61740T – 61740T – 61747.

[3] ARMS S W, Townsend C, Churchill D, et al. Power management for energy harvesting wireless sensors [C]//Smart Structures and Materials. San Diego, California, United States: International Society for Optics and Photonics, 2005: 5763, 267 – 275.

[4] ROUNDY S, WRIGHT P K. A piezoelectric vibration based generator for wireless electronics[J]. Smart materials and Structures, 2004, 13(5): 1131.

[5] ROUNDY S, WRIGHT P K, RABAEY J. A study of low level vibrations as a power source for wireless sensor nodes[J]. Computer communications, 2003, 26(11): 1131 – 1144.

[6] DU PLESSIS A J, HUIGSLOOT M J, DISCENZO F D. Resonant packaged piezoelectric power harvester for machinery health monitoring[C]//Smart Structures and Materials. San Diego, California, United States: International Society for Optics and Photonics, 2005: 5762, 224 – 235..

[7] LAZARUS A. Remote, wireless, ambulatory monitoring of implantable pacemakers, cardioverter defibrillators, and cardiac resynchronization therapy systems: analysis of a worldwide database[J]. Pacing and clinical electrophysiology, 2007, 30(s1): S2 – S12.

[8] PARADISO J A, STARNER T. Energy scavenging for mobile and wireless electronics [J]. IEEE Pervasive computing, 2005, 4(1): 18 – 27.

[9] PRIYA S. Advances in energy harvesting using low profile piezoelectric transducers [J]. Journal of electroceramics, 2007, 19(1): 167 – 184.

[10] GILBERT J M, BALOUCHI F. Comparison of energy harvesting systems for wireless sensor networks[J]. International journal of automation and computing, 2008, 5(4): 334 – 347.

[11] LEE R G, CHEN K C, LAI C C, et al. A backup routing with wireless sensor network for bridge monitoring system[J]. Measurement, 2007, 40(1): 55 – 63.

[12] CHEBROLU K, RAMAN B, MISHRA N, et al. Brimon: a sensor network system for railway bridge monitoring[C]//Proceedings of the 6th international conference on Mobile systems, applications, and services. New York, USA: Association for Computing Machinery, 2008:2 – 14 .

[13]　SODANO H A，PARK G，INMAN D. Estimation of electric charge output for piezoelectric energy harvesting[J]. Strain, 2004，40(2)：49 - 58.

[14]　KHALIGH A，ZENG P，ZHENG C. Kinetic energy harvesting using piezoelectric and electromagnetic technologies-state of the art[J]. IEEE Transactions on Industrial Electronics，2010，57(3)：850 - 860.

[15]　WILLIAMS C，YATES R B. Analysis of a micro - electric generator for microsystems[J]. Sensors and actuators A：Physical, 1996，52(1)：8 - 11.

[16]　JEON Y，SOOD R，JEONG J H，et al. MEMS power generator with transverse mode thin film PZT[J]. Sensors and actuators A：Physical, 2005，122(1)：16 - 22.

[17]　SODANO H A，INMAN D J，PARK G. Comparison of piezoelectric energy harvesting devices for recharging batteries[J]. Journal of Intelligent Material Systems and Structures，2005，16(10)：799 - 807.

[18]　SAADON S，SIDEK O. A review of vibration-based MEMS piezoelectric energy harvesters[J]. Energy Conversion and Management，2011，52(1)：500 - 504.

[19]　HOWELLS C A. Piezoelectric energy harvesting [J]. Energy Conversion and Management，2009，50(7)：1847 - 1850.

[20]　GLYNNE - JONES P，TUDOR M J，BEEBY S P，et al. An electromagnetic，vibration-powered generator for intelligent sensor systems[J]. Sensors and actuators A：Physical, 2004，110(1)：344 - 349.

[21]　ARNOLD D P. Review of microscale magnetic power generation [J]. IEEE Transactions on Magnetics，2007，43(11)：3940 - 3951.

[22]　岳喜海，杨进，文玉梅，等. 多方向宽频磁电式振动能量采集器[J]. 仪器仪表学报，2013，34(9)：1961 - 1967.

[23]　王佩红，戴旭涵，赵小林. 微型电磁式振动能量采集器的研究进展[J]. 振动与冲击，2007，26(9)：94 - 98.

[24]　BEEBY S P，TORAH R，TUDOR M，et al. A micro electromagnetic generator for vibration energy harvesting[J]. Journal of Micromechanics and microengineering，2007，17(7)：1257.

[25]　MITCHESON P D，MIAO P，STARK B H，et al. MEMS electrostatic micropower generator for low frequency operation[J]. sensors and actuators A：Physical, 2004，115(2)：523 - 529.

[26]　NARUSE Y，MATSUBARA N，MABUCHI K，et al. Electrostatic micro power generation from low-frequency vibration such as human motion[J]. Journal of Micro - mechanics and microengineering，2009，19(9)：094002.

[27]　TORRES E O，RINCÓN-MORA G A. Electrostatic energy-harvesting and battery-charging CMOS system prototype[J]. IEEE Transactions on Circuits and Systems I：Regular Papers，2009，56(9)：1938 - 1948.

[28]　TVEDT L G W，NGUYEN D S，HALVORSEN E. Nonlinear behavior of an electrostatic energy harvester under wide - and narrowband excitation[J]. Journal of

Micro – electromechanical systems，2010，19(2)：305 – 316.

[29]　WILSON O B. Introduction to theory and design of sonar transducers[M]. Los Altos，CA：Peninsula Publishing，1988.

[30]　GIURGIUTIU V. Lamb wave generation with piezoelectric wafer active sensors for structural health monitoring[C]//Smart Structures and Integrated Systems. San Diego，California，United States：International Society for Optics and Photonics，2003：5056，111 – 122.

[31]　JAFFE B. Piezoelectric ceramics[M]. New York：Elsevier，2012.

[32]　UCHINO K. Piezoelectric ultrasonic motors：overview[J]. Smart materials and Structures，1998，7(3)：273.

[33]　COTTONE F，GAMMAITONI L，VOCCA H，et al. Piezoelectric buckled beams for random vibration energy harvesting[J]. Smart materials and Structures，2012，21 (3)：035021.

[34]　FEENSTRA J，GRANSTROM J，SODANO H. Energy harvesting through a backpack employing a mechanically amplified piezoelectric stack[J]. Mechanical Systems and Signal Processing，2008，22(3)：721 – 734.

[35]　TANG L，YANG Y. A multiple – degree – of – freedom piezoelectric energy harvesting model[J]. Journal of Intelligent Material Systems and Structures，2012，23(14)：1631 – 1647.

[36]　高毓璘，冷永刚，范胜波，等. 弹性支撑双稳压电悬臂梁振动响应及能量采集研究 [J]. 物理学报，2014，63(9)：90501 – 090501.

[37]　蓝春波，秦卫阳，李海涛. 随机激励下双稳态压电俘能系统的相干共振及实验验证 [J]. 物理学报，2015，64(8)：80503 – 80503.

[38]　周生喜，曹军义，林京，等. 压电磁耦合振动能量俘获系统的非线性模型研究[J]. 西安交通大学学报，2014，48(1)：106 – 111.

[39]　王光庆，展永政，金文平，等. 一种宽频压电振动能量采集器的解析模型与试验研究 [J]. 机械工程学报，2015，51(6)：155 – 164.

[40]　DUTOIT N E，WARDLE B L，KIM S G. Design considerations for MEMS – scale piezoelectric mechanical vibration energy harvesters[J]. Integrated Ferroelectrics，2005，71(1)：121 – 160.

[41]　ERTURK A，INMAN D J. An experimentally validated bimorph cantilever model for piezoelectric energy harvesting from base excitations[J]. Smart materials and Structures，2009，18(2)：025009.

[42]　ERTURK A，INMAN D J. A distributed parameter electromechanical model for cantilevered piezoelectric energy harvesters[J]. Journal of vibration and acoustics，2008，130(4)：041002.

[43]　ERTURK A，INMAN D J. Issues in mathematical modeling of piezoelectric energy harvesters[J]. Smart materials and Structures，2008，17(6)：065016.

[44]　LALLART M，ANTON S R，INMAN D. J. Frequency self – tuning scheme for

broadband vibration energy harvesting[J]. Journal of Intelligent Material Systems and Structures, 2010,21(9):897 - 906.

[45] ROUNDY S, LELAND E S, BAKER J, et al. Improving power output for vibration -based energy scavengers[J]. IEEE Pervasive computing, 2005, 4(1): 28 - 36.

[46] ZHU D, TUDOR M J, BEEBY S P. Strategies for increasing the operating frequency range of vibration energy harvesters: a review [J]. Measurement Science and Technology, 2009, 21(2): 022001.

[47] ROUNDY S, ZHANG Y. Toward self - tuning adaptive vibration - based microgenerators[C]//Smart Materials, Nano -, and Micro - Smart Systems. Sydney, Australia: International Society for Optics and Photonics, 2005: 5649, 373 - 384..

[48] ROYLANCE L M, ANGELL J B. A batch - fabricated silicon accelerometer[J]. IEEE Transactions on Electron Devices, 1979, 26(12): 1911 - 1917.

[49] LI, H T, QIN, W Y. Dynamics and coherence resonance of a laminated piezoelectric beam for energy harvesting[J]. Nonlinear Dynamics, 2015, 81(4): 1751 - 1757.

[50] MORRIS D J, YOUNGSMAN J M, ANDERSON M J, et al. A resonant frequency tunable, extensional mode piezoelectric vibration harvesting mechanism[J]. Smart materials and Structures, 2008, 17(6): 065021.

[51] LI, H T, QIN, W Y. Prompt efficiency of energy harvesting by magnetic coupling of an improved bi - stable system[J]. Chin. Physic. B. 2016, 25(11): 110503.

[52] LI, H T, QIN, W Y, JEAN ZU, et al. Modeling and experimental validation of a buckled compressive - mode piezoelectric energy harvester[J]. Nonlinear Dynamics, 2018,92(4):1761 - 1780.

[53] EICHHORN C, GOLDSCHMIDTBOEING F, WOIAS P. A frequency tunable piezoelectric energy converter based on a cantilever beam [J]. Proceedings of PowerMEMS, 2008, 9(12): 309 - 312.

[54] DHOTE S, LI H T, YANG Z. Multi - frequency responses of compliant orthoplanar spring designs for widening the bandwidth of piezoelectric energy harvesters[J]. International Journal of Mechanical Sciences, 2019, 157: 684 - 691.

[55] SHAHRUZ S. Design of mechanical band - pass filters for energy scavenging: multi - degree - of - freedom models[J]. Journal of Vibration and Control, 2008, 14(5): 753 -768.

[56] XUE H, HU Y, WANG Q M. Broadband piezoelectric energy harvesting devices using multiple bimorphs with different operating frequencies[J]. IEEE transactions on ultrasonics, ferroelectrics, and frequency control, 2008, 55(9): 2104 - 2108.

[57] FERRARI M, FERRARI V, GUIZZETTI M, et al. Investigation on electrical output combination options in a piezoelectric multifrequency converter array for energy harvesting in autonomous sensors[C]//Sensor Device Technologies and Applications. Venice, Italy: Institute of Electrical and Electronic Engineers, 2010: 258 - 263..

[58] HARNE R L, WANG K W. A review of the recent research on vibration energy harvesting via bistable systems[J]. Smart materials and Structures, 2013, 22(2): 023001.

[59] TANG L, YANG Y, SOH C K. Toward Broadband Vibration – based Energy Harvesting[J]. Journal of Intelligent Material Systems and Structures, 2010, 21 (18): 1867 – 1897.

[60] LIN J T, LEE B, ALPHENAAR B. The magnetic coupling of a piezoelectric cantilever for enhanced energy harvesting efficiency [J]. Smart materials and Structures, 2010, 19(4): 045012.

[61] STANTON S C, MCGEHEE C C, MANN B P. Nonlinear dynamics for broadband energy harvesting: investigation of a bistable piezoelectric inertial generator[J]. Physica D: Nonlinear Phenomena, 2010, 239(10): 640 – 653.

[62] TRIPLETT A, QUINN D D. The effect of non – linear piezoelectric coupling on vibration – based energy harvesting[J]. Journal of Intelligent Material Systems and Structures, 2009, 20(16): 1959 – 1967.

[63] MANN B, SIMS N. Energy harvesting from the nonlinear oscillations of magnetic levitation[J]. Journal of Sound and Vibration, 2009, 319(1): 515 – 530.

[64] GAFFORELLI G, CORIGLIANO A, XU R, et al. Experimental verification of a bridge – shaped, nonlinear vibration energy harvester[J]. Applied Physics Letters, 2014, 105(20): 203901.

[65] ERTURK A, INMAN D. Broadband piezoelectric power generation on high – energy orbits of the bistable Duffing oscillator with electromechanical coupling[J]. Journal of Sound and Vibration, 2011, 330(10): 2339 – 2353.

[66] ARRIETA A, DELPERO T, BERGAMINI A, et al. Broadband vibration energy harvesting based on cantilevered piezoelectric bi – stable composites[J]. Applied Physics Letters, 2013, 102(17): 173904.

[67] ARRIETA A F, BILGEN O, FRISWELL M I, et al. Dynamic control for morphing of bi – stable composites[J]. Journal of Intelligent Material Systems and Structures, 2013, 24(3): 266 – 273.

[68] ARRIETA A, HAGEDORN P, ERTURK A, et al. A piezoelectric bistable plate for nonlinear broadband energy harvesting[J]. Applied Physics Letters, 2010, 97(10): 104102.

[69] HAJATI A, KIM S G. Ultra – wide bandwidth piezoelectric energy harvesting[J]. Applied Physics Letters, 2011, 99(8): 083105.

[70] MASANA R, DAQAQ M F. Energy harvesting in the super – harmonic frequency region of a twin – well oscillator[J]. Journal of Applied Physics, 2012, 111(4): 044501.

[71] MASANA R, DAQAQ M F. Relative performance of a vibratory energy harvester in mono – and bi – stable potentials[J]. Journal of Sound and Vibration, 2011, 330(24):

6036 – 6052.

[72] MASANA R, DAQAQ M F. Electromechanical modeling and nonlinear analysis of axially loaded energy harvesters[J]. Journal of vibration and acoustics, 2011, 133 (1): 011007.

[73] SNELLER A, CETTE P, MANN B. Experimental investigation of a post – buckled piezoelectric beam with an attached central mass used to harvest energy [J]. Proceedings of the Institution of Mechanical Engineers, Part I: Journal of Systems and Control Engineering, 2011, 225(4): 497 – 509.

[74] ADHIKARI S, FRISWELL M, INMAN D. Piezoelectric energy harvesting from broadband random vibrations[J]. Smart materials and Structures, 2009, 18(11): 115005.

[75] SCRUGGS J. An optimal stochastic control theory for distributed energy harvesting networks[J]. Journal of Sound and Vibration, 2009, 320(4): 707 – 725.

[76] DAQAQ M F. On intentional introduction of stiffness nonlinearities for energy harvesting under white Gaussian excitations[J]. Nonlinear Dynamics, 2012, 69(3): 1063 – 1079.

[77] DAQAQ M F. Response of uni – modal duffing – type harvesters to random forced excitations[J]. Journal of Sound and Vibration, 2010, 329(18): 3621 – 3631.

[78] GAMMAITONI L, NERI I, VOCCA H. Nonlinear oscillators for vibration energy harvesting[J]. Applied Physics Letters, 2009, 94(16): 164102.

[79] LITAK G, FRISWELL M, ADHIKARI S. Magnetopiezoelastic energy harvesting driven by random excitations[J]. Applied Physics Letters, 2010, 96(21): 214103.

[80] ZHAO S, ERTURK A. On the stochastic excitation of monostable and bistable electroelastic power generators: relative advantages and tradeoffs in a physical system [J]. Applied Physics Letters, 2013, 102(10): 103902.

[81] ZHAO S, ERTURK A. Electroelastic modeling and experimental validations of piezoelectric energy harvesting from broadband random vibrations of cantilevered bimorphs[J]. Smart materials and Structures, 2012, 22(1): 015002.

[82] COTTONE F, VOCCA H, GAMMAITONI L. Nonlinear energy harvesting[J]. Physical Review Letters, 2009, 102(8): 080601.

[83] HALVORSEN E. Energy harvesters driven by broadband random vibrations[J]. Journal of Microelectromechanical systems, 2008, 17(5): 1061 – 1071.

[84] JIANG W A, CHEN L Q. Snap – through piezoelectric energy harvesting[J]. Journal of Sound and Vibration, 2014, 333(18): 4314 – 4325.

[85] JIANG W A, CHEN L Q. Energy harvesting of monostable Duffing oscillator under Gaussian white noise excitation[J]. Mechanics Research Communications, 2013, 53: 85 – 91.

[86] ALI S, ADHIKARI S, FRISWELL M, et al. The analysis of piezomagnetoelastic energy harvesters under broadband random excitations [J]. Journal of Applied

Physics, 2011, 109(7): 074904.

[87] JIN X, WANG Y, XU M, et al. Semi – analytical solution of random response for nonlinear vibration energy harvesters[J]. Journal of Sound and Vibration, 2015, 340: 267 – 282.

[88] HE Q, DAQAQ M F. New insights into utilizing bistability for energy harvesting under white noise[J]. Journal of vibration and acoustics, 2015, 137(2): 021009.

[89] DAQAQ M F. Transduction of a bistable inductive generator driven by white and exponentially correlated Gaussian noise[J]. Journal of Sound and Vibration, 2011, 330(11): 2554 – 2564.

[90] BENZI R, SUTERA A, VULPIANI A. The mechanism of stochastic resonance[J]. Journal of Physics A: mathematical and general, 1981, 14(11): L453.

[91] MCINNES C, GORMAN D, CARTMELL M P. Enhanced vibrational energy harvesting using nonlinear stochastic resonance[J]. Journal of Sound and Vibration, 2008, 318(4): 655 – 662.

[92] GAMMAITONI L, HÄNGGI P, JUNG P, et al. Stochastic resonance[J]. Reviews of modern physics, 1998, 70(1): 223.

[93] FAUVE S, HESLOT F. Stochastic resonance in a bistable system[J]. Physics Letters A, 1983, 97(1): 5 – 7.

[94] MCNAMARA B, WIESENFELD K. Theory of stochastic resonance[J]. Physical review A, 1989, 39(9): 4854.

[95] GANG H, DITZINGER T, NING C Z, et al. Stochastic resonance without external periodic force[J]. Physical Review Letters, 1993, 71(6): 807.

[96] WENNING G, OBERMAYER K. Activity driven adaptive stochastic resonance[J]. Physical Review Letters, 2003, 90(12): 120602.

[97] USHAKOV O, WÜNSCHE H J, HENNEBERGER F, et al. Coherence resonance near a Hopf bifurcation[J]. Physical Review Letters, 2005, 95(12): 123903.

[98] 李海涛, 秦卫阳. 双稳态压电能量获取系统的分岔混沌阈值[J]. 应用数学和力学, 2014, 35(6): 652 – 662.

[99] AWREJCEWICZ J, HOLICKE M M. Smooth and nonsmooth high dimensional chaos and the Melnikov – type methods[M]. Singapore : World Scientific, 2007.

[100] LI H T, QIN W Y. Homoclinic bifurcation threshold of a bistable system for piezoelectric energy harvesting[J]. European Physical Journal Applied Physics, 2015, 69: 20902.

[101] Guckenheimer J, Holmes P J. Nonlinear oscillations, dynamical systems, and bifurcations of vector fields[M]. New York: Springer Science & Business Media, 2013.

[102] WIGGINS S. Global bifurcations and chaos: analytical methods[M]. New York: Springer Science & Business Media, 2013.

[103] HOLMES P, MOON F. Strange attractors and chaos in nonlinear mechanics[J].

Journal of Applied Mechanics, 1983, 50(4b): 1021 – 1032.

[104] WIGGINS S. Chaos in the quasiperiodically forced Duffing oscillator[J]. Physics Letters A, 1987, 124(3): 138 – 142.

[105] MOON F C. Chaotic and Fractal Dynamics: Introduction for Applied Scientists and Engineers[M]. New York : John Wiley & Sons, 2008.

[106] FREY M, SIMIU E. Noise – induced chaos and phase space flux[J]. Physica D: Nonlinear Phenomena, 1993, 63(3): 321 – 340.

[107] FREY M, SIMIU E. Phase space transport and control of escape from a potential well[J]. Physica D: Nonlinear Phenomena, 1996, 95(2): 128 – 143.

[108] HAO W, ZHANG W, YAO M. Multipulse Chaotic Dynamics of Six – Dimensional Nonautonomous Nonlinear System for a Honeycomb Sandwich Plate [J]. International Journal of Bifurcation and Chaos, 2014, 24(11): 1450138.

[109] 张伟, 霍拳忠. 非线性振动系统的同宿轨道分叉, 次谐分叉和混沌[J]. 振动工程学报, 1991, 4(3): 41 – 51.

[110] PARTHASARATHY S. Homoclinic bifurcation sets of the parametrically driven Duffing oscillator[J]. Physical review A, 1992, 46(4): 2147.

[111] TIAN R, ZHOU Y, ZHANG B, et al. Chaotic threshold for a class of impulsive differential system[J]. Nonlinear Dynamics, 2015, 83(4): 2229 – 2240.

[112] ZHANG W, YAO M H, ZHANG J H. Using the extended Melnikov method to study the multi – pulse global bifurcations and chaos of a cantilever beam[J]. Journal of Sound and Vibration, 2009, 319(1 – 2): 541 – 569.

[113] STANTON S C, MANN B P, OWENS B A. Melnikov theoretic methods for characterizing the dynamics of the bistable piezoelectric inertial generator in complex spectral environments[J]. Physica D: Nonlinear Phenomena, 2012, 241 (6): 711 – 720.

[114] CHEN Z, GUO B, XIONG Y, et al. Melnikov – method – based broadband mechanism and necessary conditions of nonlinear rotating energy harvesting using piezoelectric beam[J]. Journal of Intelligent Material Systems and Structures, 2016, 27(18): 2555 – 2567.

[115] CAO Q, WIERCIGROCH M, PAVLOVSKAIA E E, et al. Piecewise linear approach to an archetypal oscillator for smooth and discontinuous dynamics[J]. Philosophical Transactions of the Royal Society of London A: Mathematical, Physical and Engineering Sciences, 2008, 366(1865): 635 – 652.

[116] TIAN R, CAO Q, YANG S. The codimension – two bifurcation for the recent proposed SD oscillator[J]. Nonlinear Dynamics, 2010, 59(1 – 2): 19 – 27.

[117] TEHRANI M G, ELLIOTT S J. Extending the dynamic range of an energy harvester using nonlinear damping[J]. Journal of Sound and Vibration, 2014, 333 (3): 623 – 629.

[118] LAN C, QIN W, DENG W. Energy harvesting by dynamic unstability and internal

resonance for piezoelectric beam [J]. Applied Physics Letters, 2015, 107 (9): 093902.

[119] CHEN L Q, JIANG W A. Internal resonance energy harvesting[J]. Journal of Applied Mechanics, 2015, 82(3): 031004.

[120] DAQAQ M F, STABLER C, QAROUSH Y, et al. Investigation of power harvesting via parametric excitations[J]. Journal of Intelligent Material Systems and Structures, 2009, 20(5): 545 - 557.

[121] JIA Y, YAN J, SOGA K, et al. Parametric resonance for vibration energy harvesting with design techniques to passively reduce the initiation threshold amplitude[J]. Smart materials and Structures, 2014, 23(6): 065011.

[122] JIA Y, YAN J, SOGA K, et al. A parametrically excited vibration energy harvester [J]. Journal of Intelligent Material Systems and Structures, 2014, 25(3):276 - 289.

[123] ZHU Y, ZU J. A magnet - induced buckled - beam piezoelectric generator for wideband vibration - based energy harvesting[J]. Journal of Intelligent Material Systems and Structures, 2014, 25(14): 1890 - 1901.

[124] PEARSON C E. General theory of elastic stability[J]. Quarterly of Applied Mathematics, 1956: 133 - 144.

[125] BRENNAN M, ELLIOTT S, BONELLO P, et al. The "click" mechanism in dipteran flight: if it exists, then what effect does it have? [J]. Journal of theoretical biology, 2003, 224(2): 205 - 213.

[126] RUILAN T, QILIANG W, ZHONGJIA L, et al. Dynamic analysis of the smooth - and - discontinuous oscillator under constant excitation [J]. Chinese Physics Letters, 2012, 29(8): 084706.

[127] 李海涛, 秦卫阳. 宽频随机激励下非线性压电能量采集器的相干共振[J]. 物理学报, 2014, 63(12): 120505.

[128] HUANG X, LIU X, SUN J, et al. Vibration isolation characteristics of a nonlinear isolator using Euler buckled beam as negative stiffness corrector: A theoretical and experimental study[J]. Journal of Sound and Vibration, 2014, 333 (4): 1132 - 1148.

[129] 方同. 工程随机振动[M]. 北京:国防工业出版社, 1995.

[130] KUMAR G, PRASAD G. Piezoelectric relaxation in polymer and ferroelectric composites[J]. Journal of materials science, 1993, 28(9): 2545 - 2550.

[131] CAO J, ZHOU S, INMAN D J, et al. Chaos in the fractionally damped broadband piezoelectric energy generator[J]. Nonlinear Dynamics, 2015, 80(4): 1705 - 1719.

[132] SHEN Y, YANG S, XING H, et al. Primary resonance of Duffing oscillator with two kinds of fractional - order derivatives[J]. International Journal of Non - Linear Mechanics, 2012, 47(9): 975 - 983.

[133] SHEN Y, YANG S, XING H, et al. Primary resonance of Duffing oscillator with fractional - order derivative [J]. Communications in Nonlinear Science and

Numerical Simulation，2012，17(7)：3092 – 3100.

[134] LITAK G，BOROWIEC M. On simulation of a bistable system with fractional damping in the presence of stochastic coherence resonance[J]. Nonlinear Dynamics，2014，77(3)：681 – 686.

[135] 李海涛，秦卫阳，周志勇，等. 带有分数阶阻尼的压电能量采集系统相干共振[J]. 物理学报，2014，63(22)：220504.

[136] COTTINET P J，GUYOMAR D，GALINEAU J，et al. Electro-thermo- elastomers for artificial muscles[J]. Sensors and actuators A：Physical，2012，180：105 – 112.

[137] PETRAS I. Fractional – order nonlinear systems：modeling，analysis and simulation [M]. New York：Springer Science & Business Media，2011.

[138] 李海涛，秦卫阳，邓王蒸，等. 复合式双稳能量采集系统动力学及相干共振[J]. 振动与冲击，2016，35(14)：119 – 124.

[139] PRIYA S，INMAN D J. Energy harvesting technologies[M]. New York：Springer，2009.

[140] LI H T，QIN W Y，DENG W Z，et al. Improving energy harvesting by stochastic resonance in a laminated bistable beam[J]. The European Physical Journal Plus，2016，131(3)：1 – 9.

[141] LI H T，JEAN ZU，YANG Y F，et al. Investigation of snap-through and homoclinic bifurcation of a magnet-induced buckled energy harvester by the Melnikov method[J]. Chaos：An Interdisciplinary Journal of Nonlinear Science，2016，26(12)：123109.

[142] LI H T，QIN W Y，DENG W Z. Coherence resonance of a magnet- induced buckled piezoelectric energy harvester under stochastic parametric excitation[J]. Journal of Intelligent Material Systems & Structures，2018，9(8)：1620 – 1631.

[143] ANDO B，BAGLIO S，TRIGONA C，et al. Nonlinear mechanism in MEMS devices for energy harvesting applications[J]. Journal of Micromechanics and micro – gineering，2010，20(12)：125020.

[144] BARTON D A，BURROW S G，CLARE L R. Energy harvesting from vibrations with a nonlinear oscillator[J]. Journal of vibration and acoustics，2010，132(2)：021009.

[145] ZOU H X，ZHANG W M，WEI K X，et al. A Compressive – Mode Wideband Vibration Energy Harvester Using a Combination of Bistable and Flextensional Mechanisms[J]. Journal of Applied Mechanics，2016，83(12)：121005.

[146] TANG L，YANG Y. A nonlinear piezoelectric energy harvester with magnetic oscillator[J]. Applied Physics Letters，2012，101(9)：094102.

[147] ANDÒ B，BAGLIO S，MAIORCA F，et al. Analysis of two dimensional，wide-band，bistable vibration energy harvester[J]. Sensors and actuators A：Physical，2013，202：176 – 182.

[148] ZHOU S，CAO J，WANG W，et al. Modeling and experimental verification of

doubly nonlinear magnet-coupled piezoelectric energy harvesting from ambient vibration[J]. Smart materials and Structures, 2015, 24(5): 055008.

[149] YANG W, TOWFIGHIAN S. A hybrid nonlinear vibration energy harvester[J]. Mechanical Systems and Signal Processing, 2017, 90: 317 - 333.

[150] DE PAULA A S, INMAN D J, Savi M A. Energy harvesting in a nonlinear piezomagnetoelastic beam subjected to random excitation[J]. Mechanical Systems and Signal Processing, 2015, 54: 405 - 416.

[151] KIM P, SEOK J. A multi - stable energy harvester: dynamic modeling and bifurcation analysis[J]. Journal of Sound and Vibration, 2014, 333(21): 5525 - 5547.

[152] ZHOU S, CAO J, INMAN D J, et al. Broadband tristable energy harvester: Modeling and experiment verification[J]. Applied Energy, 2014, 133: 33 - 39.

[153] ZHOU S, CAO J, LIN J, et al. Exploitation of a tristable nonlinear oscillator for improving broadband vibration energy harvesting [J]. The European Physical Journal Applied Physics, 2014, 67(3): 30902.

[154] CAO J, ZHOU S, WANG W, et al. Influence of potential well depth on nonlinear tristable energy harvesting[J]. Applied Physics Letters, 2015, 106(17): 173903.

[155] JUNG J, KIM P, LEE J I, et al. Nonlinear dynamic and energetic characteristics of piezoelectric energy harvester with two rotatable external magnets[J]. International Journal of Mechanical Sciences, 2015, 92: 206 - 222.

[156] TÉKAM G O, KWUIMY C K, WOAFO P. Analysis of tristable energy harvesting system having fractional order viscoelastic material[J]. Chaos: An Interdisciplinary Journal of Nonlinear Science, 2015, 25(1): 013112.

[157] KIM H W, BATRA A, PRIYA S, et al. Energy harvesting using a piezoelectric "cymbal" transducer in dynamic environment [J]. Japanese journal of applied physics, 2004, 43(9R): 6178.

[158] PALOSAARI J, LEINONEN M, HANNU J, et al. Energy harvesting with a cymbal type piezoelectric transducer from low frequency compression[J]. Journal of electroceramics, 2012, 28(4): 214 - 219..

[159] REN B, OR S W, ZHAO X, et al. Energy harvesting using a modified rectangular cymbal transducer based on 0. 71 Pb ($Mg_{1/3}$ Nb $_{2/3}$) O_3 - 0. 29 $PbTiO_3$ single crystal[J]. Journal of Applied Physics, 2010, 107(3): 034501.

[160] YANG Z, ZU J, XU Z. Reversible nonlinear energy harvester tuned by tilting and enhanced by nonlinear circuits[J]. IEEE/ASME Transactions on Mechatronics, 2016, 21(4): 2174 - 2184.

[161] LI H T, YANG Z, ZU J, et al. Distributed parameter model and experimental validation of a compressive-mode energy harvester under harmonic excitations[J]. AIP Advances, 2016, 6(8): 085310.

[162] LI H T, YANG Z, ZU J, et al. Numerical and experimental study of a compressive-

mode energy harvester under random excitations [J]. Smart Materials and Structures, 2017, 26(3): 035064.

[163]　SENTURIA S D. Microsystem design [M]. New York: Kluwer academic publishers,2002.

[164]　MALLICK D, AMANN A, ROY S. A nonlinear stretching based electromagnetic energy harvester on FR4 for wideband operation [J]. Smart Materials and Structures, 2014, 24(1): 015013.

[165]　MALLON N J, FEY R H B, NIJMEIJER H, et al. Dynamic buckling of a shallow arch under shock loading considering the effects of the arch shape[J]. International Journal of Non-Linear Mechanics, 2006, 41(9): 1057 - 1067.

[166]　BEEBY S P, TORAH R N, Tudor M J, et al. A micro electromagnetic generator for vibration energy harvesting [J]. Journal of Micromechanics and microengineering, 2007, 17(7): 1257.

[167]　MEITZLE A, TIERSTEN H F, WARNER A W, et al. IEEE standard on piezoelectricity [S]. New York: The Institute of Electrical and Electronics Engineers, Inc. ,1988.

[168]　ARIDOGAN U, BASDOGAN I, ERTURK A. Broadband and band-limited random vibration energy harvesting using a piezoelectric patch on a thin plate[C]//Active and Passive Smart Structures and Integrated Systems 2014. San Diego, California, United States: International Society for Optics and Photonics, 2014: 9057, 905710.

[169]　LI S, PENG Z, ZHANG A, et al. Dual resonant structure for energy harvesting from random vibration sources at low frequency[J]. Aip Advances, 2016, 6(1): 015019.

[170]　JIA Y, SESHIA A A. White noise responsiveness of an AlN piezoelectric MEMS cantilever vibration energy harvester[J]. Journal of Physics: Conference Series. 2014, 557(1): 012037.

[171]　ZHENG R, NAKANO K, HU H, et al. An application of stochastic resonance for energy harvesting in a bistable vibrating system [J]. Journal of Sound and Vibration, 2014, 333(12): 2568 - 2587.

[172]　FERRARI M, FERRARI V, GUIZZETTI M O, et al. Improved Energy Harvesting From Wideband Vibrations by Nonlinear Piezoelectric Converters, [J]. Sens. Actuators, A, 162(2): 425 - 431.

[173]　LI H T, QIN W Y, LAN C B, et al. Dynamics and coherence resonance of tri - stable energy harvesting system[J]. Smart Materials and Structures, 2016, 25(1): 015001.

[174]　DE PAULA A S, INMAN D J, SAVI M A. Energy harvesting in a nonlinear piezomagnetoelastic beam subjected to random excitation[J]. Mechanical Systems and Signal Processing, 2015, 54: 405 - 416.

[175]　THOMPSON J M T, HUNT G W. A general theory of elastic stability[M].

London: Wiley, 1973.

[176] LIU X, HUANG X, HUA H. On the characteristics of a quasi – zero stiffness isolator using Euler buckled beam as negative stiffness corrector[J]. Journal of Sound and Vibration, 2013, 332(14): 3359 – 3376.

[177] KOVACIC I, BRENNAN M J. The Duffing equation: nonlinear oscillators and their behavior[M]. Chichester: John Wiley & Sons, 2011.

[178] YUAN T, YANG J, CHEN L Q. Experimental identification of hardening and softening nonlinearity in circular laminated plates[J]. International Journal of Non-Linear Mechanics, 2017, 95: 296 – 306.

[179] YUAN T, YANG J, CHEN L Q. Nonlinear characteristic of a circular composite plate energy harvester: experiments and simulations [J]. Nonlinear Dynamics, 2017, 90(4): 2495 – 2506.

[180] STANTON S C, OWENS B A M, MANN B P. Harmonic balance analysis of the bistable piezoelectric inertial generator[J]. Journal of Sound and Vibration, 2012, 331(15):3617 – 3627.

[181] LIU W Q, BADEL A, FORMOSA F, et al. Novel piezoelectric bistable oscillator architecture for wideband vibration energy harvesting[J]. Smart Materials and Structures, 2013, 22(3):035013.

[182] MANN B P, OWENS B A. Investigations of a nonlinear energy harvester with a bistable potential well[J]. Journal of Sound and Vibration, 2010, 329(9):1215 – 1226.